主编：马雄风

新疆棉花 生产关键技术 百问百答

中国农业科学技术出版社

图书在版编目（CIP）数据

新疆棉花生产关键技术百问百答 / 马雄风主编. --北京：中国农业科学技术出版社，2022.10（2025.3重印）
ISBN 978-7-5116-5989-7

Ⅰ.①新…　Ⅱ.①马…　Ⅲ.①棉花－栽培技术－新疆－问题解答　Ⅳ.①S562-44

中国版本图书馆CIP数据核字（2022）第 203799 号

责任编辑　周丽丽
责任校对　李向荣　贾若妍
责任印制　姜义伟　王思文

出 版 者　中国农业科学技术出版社
　　　　　北京市中关村南大街 12 号　　邮编：100081
电　　话　（010）82109194（编辑室）　　（010）82109702（发行部）
　　　　　（010）82109709（读者服务部）
网　　址　https://castp.caas.cn
经 销 者　各地新华书店
印 刷 者　北京捷迅佳彩印刷有限公司
开　　本　148 mm×210 mm　1/32
印　　张　3.5　彩插 4 面
字　　数　90 千字
版　　次　2022 年 10 月第 1 版　　2025 年 3 月第 4 次印刷
定　　价　36.80 元

彩图1 棉苗立枯病为害症状

彩图2 棉苗炭疽病为害症状　　　　彩图3 棉苗红腐病为害症状

黄化型　　　　皱缩型　　　　紫红型　　　　网纹型

彩图4 棉花枯萎病为害症状

茎切面（对照）　　茎切面（感病）

彩图5　棉花黄萎病为害症状

彩图6　棉铃疫病为害症状　　　　彩图7　棉铃黑果病为害症状

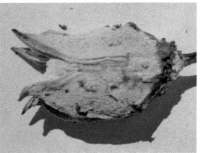

彩图8　棉铃红腐病为害症状

彩图9　棉铃红粉病为害症状

棉铃虫成虫　　　　棉铃虫卵　　　　棉铃虫幼虫　　　　棉铃虫蛹

彩图10　棉铃虫及其为害状

彩图11　棉叶螨为害状　　　　　彩图12　棉蓟马为害状

烟粉虱若虫　　　　　　　　　　烟粉虱成虫

彩图13　烟粉虱及其为害状

《新疆棉花生产关键技术百问百答》

编委会

主　编：马雄风

编写人员（以姓氏拼音为序）：

程思贤　代　帅　冯鸿杰　冯自力

孔德培　匡　猛　李俊文　刘爱忠

马小艳　潘境涛　庞朝友　任相亮

师勇强　王　龙　王文魁　王香茹

吴冬梅　郑苍松

前　言

　　世界棉花看中国，中国棉花看新疆。棉花是我国重要的经济作物和国家战略物资。新疆作为全国最重要的棉花生产基地，2021年新疆棉花总产量512.9万t，占全国棉花产量近90%，约占全球棉花产量的20%。当前，新疆棉花能否稳定生产不仅影响当地农业的生产效益，同时也关系着我国棉纺织产业链安全及相关产品国际竞争优势。

　　棉花生育期相对较长，且农事操作过程烦琐，加之新疆独特的自然生态条件，因而，新疆地区的植棉措施与内地棉区存在较大差异。为使广大农业技术人员和棉农在棉花生产过程中更加便捷地获取相关植棉技术，编者组织遗传育种、植物保护、作物栽培等领域的专家及专业技术人员，编纂了《新疆棉花生产关键技术百问百答》一书。全书以科学实用为宗旨，以提质增效为目标，采用设问设答的形式编著，共分为5章，系统介绍了新疆棉花生产中常见的关于棉花生长基本特征、棉花品种选育、棉花高产高效栽培技术、棉花病虫草害防除技术、棉花自然灾害防御等内容，供参考应用，希望对新疆棉花的高效生产做出应有贡献。

　　本书由中国农业科学院科技创新工程等项目资助出版。书中不足之处，敬请读者指正。

编委会

2022年8月

目　录

第一章

基本知识

1　新疆植棉优势条件有哪些?

棉花具有无限生长、喜光温、耐盐碱、耐旱等特性。棉花营养生长与生殖生长并进时间长、再生能力强、抗盐碱耐瘠薄能力强。新疆植棉条件优越:一是新疆光照充足、光质好,棉花生育关键期7—8月时新疆太阳辐射强、日照时数长(>600 h),为全国之最;二是夏季具有适合棉花花铃发育的较高温度,且新疆棉区盆地增温效应显著,温差大,有利于棉花产量和品质的形成;三是吐絮期空气干燥、降雨少,棉花纤维色度好;四是水肥一体化设施较为完备。上述条件使得新疆棉花具有较高的光合生产潜力,为发展棉花生产创造了得天独厚的环境条件。

2　新疆有哪些棉区?

根据棉区气候差异,按棉花熟性特点,新疆棉区主要分为东疆、南疆、北疆3个亚区。(1)东疆亚区位于天山东端山间吐鲁番盆地中,低于海平面154 m,分火焰山以南和火焰山以北棉区。本区最热月(7月)平均气温高达28~32 ℃,≥10 ℃的活动积温5 400 ℃,≥15 ℃持续日数166天。日照条件最优越,年日照时数高达3 000~3 300 h,日照率为69%。火焰山以南地区,≥10 ℃积温5 400~5 500 ℃,最热月平均温度32~33 ℃,年降水量500 mm,无霜期190~220天,适宜种植海岛棉和陆地棉。火焰山以北地区,海拔200~300 m,≥10 ℃积温4 500 ℃左右,最热月平均温度28~30 ℃,无霜期190~211天,更适宜优质海岛棉生产。(2)南疆亚区集中在叶尔羌河、塔里木河流域,地处塔里木盆地周缘。海拔737~1 427 m,无霜期160~220

天，≥10 ℃的活动积温达4 000～4 700 ℃，≥15 ℃持续日数155～170天，最热月（7月）平均气温24～27.5 ℃，温度日较差12～17 ℃。光照条件仅次于东疆，年日照时数2 500～3 000 h，日照率60%～70%，适宜种植中早熟陆地棉和早熟海岛棉。

（3）北疆亚区位于天山北坡，准噶尔盆地西南缘，古尔班通古特沙漠以南，是我国最北部的棉区，北线在北纬44°20′～46°20′，虽然纬度高，但是由于海拔较低，棉区分布在海拔500 m以下的洪积冲积扇地带的中下部，海拔250～450 m，年降水量120～180 mm，年太阳辐射量543～644 kJ/cm²，再加上内陆盆地的增温效应和充足的光照对活动积温起到一定的补偿作用，从而使该区的热量条件大体与北部特早熟棉区相仿，保证了棉花的高产优质。该区夏季气温较高，最热月（7月）平均气温25 ℃以上，≥10 ℃活动积温3 500～3 600 ℃，无霜期160天以上，可以满足特早熟棉花生育期对热量的需求。

3 新疆棉花生长的主要气候限制因子有哪些?

新疆为典型的内陆性干旱气候，具有明显的大陆性气候特点，棉区气候利弊共存，棉花生长受多种限制因子影响。主要限制因子包括无霜期短，年平均170天，且积温和无霜期年际间变化大；有效生长期和最佳开花结铃期短；春季气温不稳定，回升慢，低温、冷害、冻害、倒春寒、大风等灾害频繁，干旱少雨，春季旱情较严重；秋季降温快；东疆棉区和南疆棉区部分季节存在干热风；南疆部分地区常有雹灾；≥35 ℃极限温度在南疆和东疆棉区持续日数长，9月夜温可下降至15 ℃以下。风沙大，新疆有43个风沙县，八级以上大风日数有10～45天之多，常造成灾害。盐碱严重，新疆盐碱土面积约1 700万亩，占耕地的37%，南疆更为严重，和田地区、喀什地区和克孜勒苏柯尔克孜自治州，盐碱土面积达到45%。

 4 **新疆棉区主要土壤类型有哪些？**

新疆棉田最具代表性的土壤为灰漠土和棕漠土，其次为盐碱土、风沙土和部分草甸土。灰漠土主要分布在北疆，棕漠土主要分布在南疆。灰漠土是新疆最适宜种植棉花的土壤类型，是肥力较高的土壤，土层深厚、质地疏松、渗水性好、抗旱保水能力较强，无盐渍化威胁，有机质含量0.6%～1.2%，pH值8.2～9.7。棕漠土土质较黏，易板结，肥力较低，有机质含量一般0.4%左右，易发生次生盐渍化。盐土、碱土，统称盐碱地，盐土以南疆为主，碱土则以北疆为主。盐土地地表常有盐结皮或盐壳，盐土表层含盐量2%～5%，最高可达30%，盐分以氯化物和硫酸盐为主。碱土则因钠离子含量高，具有强碱性反应，碱化度40%以上，pH值9.2～9.8。

5 **棉花生长发育需要什么温度条件？**

棉花是喜温作物，生长发育需要一定的积温条件（表1）。棉花种子从萌发到第一个棉铃吐絮，大致需要活动积温3 200～3 500 ℃。细绒棉种植的基本温度是>10 ℃积温稳定在3 200 ℃以上，>15 ℃积温稳定在2 700 ℃以上。棉花的各个生育阶段，也需要一定的活动积温。积温不仅对生育进程快慢起决定性影响，而且关系到产量和品质的形成。棉花从播种至出苗需积温200 ℃

左右，出苗至现蕾需积温600 ℃左右，现蕾至开花需积温700 ℃左右，开花至吐絮需积温1 400 ℃左右，吐絮完毕需积温1 000 ℃左右。低于最低临界温度或高于最高极限温度，均会引起发育障碍。

表1　棉花不同生育阶段对温度条件的要求　　　单位：℃

生育时期	最低温度	最高温度	最适温度	所需积温
播种至出苗	12	40	26	200
出苗至现蕾	17	35	26	600
现蕾至开花	19	35	28	700
开花至吐絮	15	35	26	1 400
吐絮期	16	35	28	1 000

6　棉花生长发育需要什么日照条件？

棉花是喜光作物。当光照强度减弱到棉叶的净光合强度为0时（即光合同化量正好与呼吸消耗量相抵），称为光补偿点，当光照强度增强到棉叶的净光合强度不再上升时，称为光饱和点。棉花的喜光性体现在棉叶的光补偿点和光饱和点均比一般大田作物高。棉花光饱和点高达70 000～80 000 lx，而一般作物只有20 000～50 000 lx，表明在强光照条件下，其他作物不能进行光合作用时，棉花仍能正常进行光合作用。棉叶的光补偿点为1 000～2 000 lx，大体相当于白天自然光强的2%～5%。棉花生长中，由于棉叶层层交替，相互遮阴，一般盛夏的中午，晴天光照强度可达100 000 lx以上，多云天气的光强为25 000～30 000 lx，阴雨天不足10 000 ~ 20 000 lx，远低于光饱和点。

 新疆棉花不同发育阶段合理结构指标是什么？

　　新疆棉花生育期进程动态调控目标是总体实现4月苗、5月蕾、6月花、7月铃、8月初花上梢、9月见絮的发育目标。苗期发育动态指标为棉花出苗至现蕾的时期，一般为30 ~ 40天。苗期管理的中心是壮根壮苗，搭丰产架子，防止出现旺苗和弱苗。蕾期发育动态指标为株高20 ~ 25 cm，茎秆粗壮，节间长度3 ~ 4 cm，6月中下旬棉花开始开花，叶色深绿，叶面积指数1 ~ 1.5，棉花大行不封行，小行有缝隙。花铃期发育动态指标为棉花开花到中上部，7月上旬有可见铃2 ~ 3个，7月下旬单株结铃3.5 ~ 4个，打顶后株高控制在60 ~ 70 cm，果枝数9 ~ 10个，棉花大行似封非封，有缝隙，群体稳健，田间通风透光好，病虫害少。中后期发育动态指标为株高60 ~ 70 cm，棉花大行保留缝隙，棉田通风透光好，8月上旬保证有4 ~ 5个伏前桃和伏桃，抓中上部棉铃，群体叶面积保持时间较长并逐渐回落，光合速率下降平稳，叶功能期长，叶色褪绿慢，赘芽少，不早衰不旺长。

第二章

新疆棉花品种及选育

8 新疆棉花主栽品种演变历程是什么？

20世纪80年代以前，新疆主栽棉花品种主要是从苏联引进的斯字棉系列（C460、C8517、108夫、C3174、C4744）、塔什干系列（TXG2、TXG6）和个别南斯拉夫品种。这些品种抗逆性较好，但产量较低，品质较差。直到1979年新疆科研育种单位科技人员利用苏联棉花材料选育出了军棉1号、新陆早1号后，苏联引进的棉花品种才开始逐渐退出主栽系列。20世纪80年代以后，新疆自主选育品种新陆早1号、新陆早6号、军棉1号（JM1）在全疆占据主导地位。

20世纪90年代，棉农对棉花产量的需求进一步提高，且随着棉田枯黄萎病情的加重，军棉1号已不能满足新疆棉花生产需求，新疆各地州开始陆续从黄河流域引入中棉所12、中棉所17、中棉所19、中棉所24、中棉所35、中棉所36、中棉所41、中棉所43和中棉所49等，鲁棉研17、鲁棉研24和鲁棉研28，冀棉20、冀棉668等系列品种，其中，中棉所12、中棉所35、中棉所41、中棉所49一直是新疆早中熟棉区的主导品种。2009年，新疆富全新科种业有限责任公司与巴州农业科学研究院联合选育的新陆中26，在北疆早熟棉区成为主栽品种。2013年石河子市农业科学研究院选育出新陆早61号，金丰源科技股份有限公司选育出J206-5，进入新疆棉花主导品种行列。

随着农业供给侧结构性改革的推进，新疆重启优质棉基地建设，棉花新品种的选育与推广开始以优质为导向，推出以新陆早66、新陆早72、中棉所96A、中棉113为代表的一系列高产优质新品种，新疆棉花开始走向高质量发展道路。

9 新疆棉花生产品种现状如何？

由于生态环境、生产水平、病害为害程度、纺织市场需求等多方面原因，加之品种数量的多样化，育种单位的多元化，以及种业的竞争等，新疆棉花生产品种打破了"一个品种包打天下"的局面，形成了北疆以早熟品种为主，部分地区特早熟品种；南疆以早中熟为主，部分地区早熟棉品种；东疆以中熟品种为主的棉花品种发展布局。目前生产品种存在的问题是品种同质性强，主导品种不突出，品种更换周期短，良种繁育和良种良法配套难以到位。受市场和内地棉花种植面积大幅退减的影响，导致大量棉花种子生产企业涌入新疆，新疆棉花种子市场的引导和监管难度进一步加大，从源头上提升棉花品质阻力重重。据不完全统计，新疆种植的棉花品种300余个，缺乏大规模种植的主栽品种或主导品种，棉花品质良莠不齐，一致性较差。尽管农业农村部门采取了棉花种植品种推荐发布制度，引导农民优选品种，但由于缺乏对种子市场的有效管理手段，棉花品种一种多名、一名多种的"多乱杂"现象普遍存在。

10 新疆植棉区杂交种如何利用种植？

棉花杂交品种长势强，生物量大，单株优势显著，宜适当稀植，宜宽膜1膜3行或1膜4行种植，最佳播种密度10 000～14 000株/亩。种植杂交种，应保障水肥的供应，尤其是磷钾肥。化控时，掌握前轻后重、少量多次原则，株高80 cm以上，搭好丰产架子，打顶后重控2次，防止侧枝旺长造成郁闭减产。

11 新疆早中熟棉花品种选育及适宜区域有哪些？

早中熟棉花品种，主要是指生育期在125~135天的品种，适宜在≥10 ℃有效积温3 800 ℃以上的区域种植。主要种植区域分布在南疆，北疆古尔班通沙漠周边沿呼克公路沿线、博州艾比湖周边，有效积温在3 800 ℃以上的区域也可谨慎种植。

新疆早中熟棉花新品种的选育，主要是依靠传统的系统选育方法，亲本材料来自苏联、中棉所、山东和河北，对引进材料的自选系进行组配系统选育而得。截至2018年新疆共审定早中熟棉花新品种96个，主要育种单位是新疆农业科学院经济作物研究所、新疆巴音郭楞蒙古自治州农业科学院、新疆塔里木河种业股份有限公司和新疆金丰源种业股份有限公司。随着科企合作、产学研结合的深入，种业公司在新品种选育中占比不断提高。

2015年以前，新疆早中熟棉花新品种的选育方向是以高产、抗病为主，主要解决丰产性和稳产性问题。近年来，随着棉花供给侧结构性改革的推进、优质棉需求的提出，加大了对早中熟优质棉花品种的选育力度，选育出了一批纤维品质达到国家I型标准的品种，为新疆棉花品质的提高提供了保障。

12 新疆早熟棉花品种选育及适宜区域有哪些？

新疆早熟植棉区主要集中在北疆，南疆沿天山、昆仑山脉近山区域的零散植棉区也属早熟棉区。北疆沿乌伊公路一直向西，各植棉小生态气候区域化明显，其中塔城地区沙湾市、乌苏市和新疆生产建设兵团第八师的植棉生态气候环境较为复杂多变。早熟棉花新品种选育单位也主要集中在石河子市，如石河子农业科学研究院、新疆农垦科学院棉花所、新疆大有赢得种业有限公司、新疆合信科技发展有限公司等。

因北疆各植棉小生态气候区域较为集中且具有一定的规模面积，新疆早熟棉花新品种的选育方向一直以早熟高产抗病综合适应性为主，主要依靠系统选育方法，亲本材料来自苏联、中国农业科学院棉花研究所、山东和河北，对引进材料的自选系进行组配系统选育而得。截至2018年，新疆共审定早熟棉花新品种104个。

近年来，新疆早熟棉花品种的选育在产量方面进入瓶颈期，且随着棉花供给侧结构性改革的推进，优质棉需求的提出，抗病、优质成为早熟棉花新品种选育的一个突破口，选育出了新陆早61号等一批纤维品质达到国家I型标准的品种，并在北疆进行了一定规模的推广。

13 新疆特早熟棉花品种选育及适宜区域有哪些？

特早熟品种，又称为短季棉，指生育期在110天以内的棉花品种。由于栽培技术的创新，随着新疆覆膜滴灌技术、落叶催熟技术的推广应用，有效延长了棉花生长发育期，生育期120天左右的早熟棉花品种，基本可以满足原有特早熟棉区的棉花生产需求，且产量比特早熟棉花品种显著提高。新疆特早熟棉花品种的选育工作因需求不强而进展不大。

14 新疆抗病棉花品种选育及配套栽培技术措施有哪些？

抗病棉花品种的选育，需要棉花枯、黄萎病发病较为均匀的病圃田，辅助进行多年不同生态病理环境的系统鉴定。新疆棉花抗病育种工作相对薄弱，加之各地枯黄萎病菌生理小种不同，在推广的过程中抗病性表现不佳。随着种植年限的增加，新疆棉区的土壤枯黄萎病菌种类、浓度不断提高，中等以上病情的棉田面积不断增加，抗病棉花品种的需求也随之不断上升，所以新疆需要进一步提高抗病棉花品种的选育能力。

对于枯黄萎重病地，最好通过其他作物轮作进行土壤改良。在棉花种植过程中，应注意N、P、K合理配比科学施肥、基肥增施有机肥（建议20~40 kg/亩），避免单施氮肥使棉株旺长感病。北疆滴水出苗时或南疆头水时，加施枯草芽孢杆菌1 kg/亩。滴水时，建议少水多肥，配合化控措施防止棉花旺长发嫩而感病。

15　新疆耐旱棉花品种选育及配套栽培技术措施有哪些？

新疆干旱少雨，新疆棉花生产灌溉用水主要依靠融化的雪水和地下井水，农业用水紧张，迫切需求耐旱棉花品种。一直以来，新疆耐旱棉花品种选育突破主要是通过引种解决，例如中棉所35、中棉所49的引入审定。2010年以后，新疆棉花生产一直在追求高产，耐旱问题主要依靠栽培技术创新解决。所以，耐旱并不是新疆棉花品种选育的主要方向，尤其在新疆棉花品种审定与推广脱节的情况下，耐旱棉花品种的选育任务主要在棉花新品种推广示范过程中兼顾完成，或在应用的过程中发现耐旱品种再进行宣传和进一步推广应用。

对于缺水干旱的地区，棉花种植过程中应加大基肥的施用比例。在棉花2叶1心时，喷施缩节胺0.2 g/亩，5~6叶期喷施缩节胺0.3 g/亩。为防止干旱后浇水导致棉花旺长花蕾脱落，在棉花浇水前3天吊喷或浇水当天飞防喷施缩节胺0.5~1 g/亩。试验研究发现，干旱环境下缩节胺应减量喷施，防止棉花无限生长，以达到保花保蕾的目的。

16 新疆耐盐碱棉花品种选育及配套栽培技术措施有哪些？

新疆植棉区土壤盐碱含量高，对棉花出苗、生长、吐絮影响较大，生产中耐盐碱问题主要依靠栽培技术解决，南疆是通过大水漫灌压碱，北疆通过干播湿出、滴盐碱改良剂解决出苗问题。

耐盐碱育种的突破，决定于核心育种材料的创新和突破。这需要大范围的搜集种质资源，包括国际间棉花种质材料的交流利用，甚至利用现代生物技术进行种质定向创新。在获得一定规模的种质资源后，还需利用盐碱池持续大规模的多年系统鉴定。所以，耐盐碱棉花品种的选育需要一个强大的技术平台。新疆耐盐碱棉花品种选育进展缓慢，中国农业科学院棉花研究所、中国农业科学院生物技术研究所部分课题已在南疆开展耐盐碱棉花种质资料的鉴定。

17 新疆棉区生产中棉花品种选择注意事项有哪些？

在新疆棉区生产过程中，应根据天气、土质、水情、农业机械设备配套及管理水平进行品种的选择。

天气：在棉花生长过程中，能及时成熟吐絮最为重要，≥10 ℃有效积温和无霜期长短是影响棉花生长的关键环境因子。棉花是喜温作物，正常生长发育至少需要150天以上的无霜期和3 000 ℃以上的有效积温。无霜期180天以内或有效积温3 500 ℃

以下区域，宜选择生育期123天以内的早熟品种；无霜期180天左右且有效积温3 500 ℃以上的区域，或无霜期210天左右且有效积温3 500 ℃以下的区域，宜选择125～130天的早中熟品种；无霜期210天左右且有效积温3 500～4 000 ℃的区域，宜选择生育期135天左右的中熟品种；无霜期210天以上且有效积温3 800 ℃以上的区域，宜选择生育期135天以上的中晚熟品种。

土质：黏性土壤轻病田宜选择早熟性好、株型偏紧凑、叶片中等偏小的品种；黏性土壤中等病情以上棉田宜选择熟性适中、株型偏松散、叶片中等的抗病品种，宜适当稀植；沙壤土出苗较好但易旱，宜选择熟性适当偏晚、株型半紧凑偏松散的品种。

水情：水情较差的棉田需要选择株型偏松散、Ⅱ式果枝、长势稳健的品种，生育期宜晚不宜早。

农业机械设备配套：农业机械设备配套不足的棉田，容易导致虫害防治不及时，建议选择熟性偏晚、株型偏松散和茎秆叶片茸毛密度较高的抗虫品种。

管理水平：管理水平不高的棉田，建议选择熟性适当、株型偏松散和茎秆叶片茸毛密度较高的抗逆品种。

第三章

新疆棉花高产高效栽培技术

18　如何实现棉花高产、超高产？

　　棉花产量受土壤、品种、生态条件、管理水平等多种因素的影响。棉花要高产，要有良田、良种、良法、良态"四良"相互配套，缺一不可。

　　首先，"良田"是基础。土壤最好是土质疏松的沙壤土，肥力较高。土层深厚，无犁底层，盐碱含量低于0.2%，水、电、路、渠等设施配套完善。高产棉田对土壤有机质含量要求在1.2%以上，全氮含量在0.08%以上，速效磷含量在25 mg/kg以上，速效钾在120 mg/kg以上，团粒结构多，pH值在6.5～7.5。其次，要选择"良种"。选择高产、优质、抗逆、熟性适宜的品种，并且种子纯度高、质量好。再次，要有"良法"。选择适宜的播期和密度，水肥、病虫草、化控、中耕等各项管理及时到位。最后，要有"良态"。就是有好的自然条件和气候条件的配合，包括光照条件、积温、水资源等。如果经常发生高温、干旱、低温、冰雹、大风等灾害性天气，就很难达到高产水平。

　　同时，这4个要素还要相互配套。首先，良种与良法的配套。当前，市场销售的品种来源广泛，不同品种的生长特性差异很大，要对所选品种的特性有充分的了解，长势强的品种，就要密度稀一些，或者化控重一些，对缩节胺敏感的品种化控轻一些。反之，如果更换不熟悉的品种后，继续沿用上一年度的管理模式，很难取得较好的产量。其次，土壤条件和管理措施也要相互搭配。偏沙的土壤可以密度大一些，发挥群体优势，水肥施用频率也可以高一些。最后，要使棉花生长所需的水、肥、光、温等条件都能满足。此外，棉花产量的构成因子包括亩株数、单株铃数、铃重和衣分，除了考虑4个要素外，还要从这4个产量因子综合考虑，平衡提高产量。

19 什么是"矮密早"和"宽早优"模式，哪种种植模式更好？

"矮密早"模式一般是指新疆棉花传统种植模式，采用66 cm+10 cm株行距配置，株高一般要求在60～80 cm，密度较高，一般在12 000株/亩以上。在使用2.05 m地膜时，该模式也称为"1膜6行"模式。

"宽早优"模式一般指76 cm等行距种植模式，密度在10 000株/亩左右，株高可以控制在80～100 cm，是近年来新疆棉区发展起来的种植方式，由于行距较宽，密度较低，棉花发育进程较快，并有利于脱叶，品质优良，因此称之为"宽早优"模式。在使用2.05 m地膜时，也称为"1膜3行"模式。

种植模式的选择要根据土壤、品种、生态条件等因素确定。"宽早优"种植模式具有"扩行、降密、壮株、拓高"的特点，因此，土壤条件要好，选择长势强的品种，没有突出的逆境气候，从而发挥棉株的个体优势，充分挖掘光温潜力，有利于最终产量和品质形成。但是，针对土壤肥力较差、品种长势弱、自然灾害较重等不利于发挥单株优势情况，则宜选择"矮密早"模式，提高播种密度，发挥群体优势，从而保障一定的产量水平。

20 棉花稀植好，还是密植好？

一般情况下棉花收获密度控制在12 000～14 000株/亩最为适宜。但是，播种密度的确定要根据出苗率、地力、品种等因素综合考虑。一般棉田的出苗率在80%～90%，如果出苗率高，播种密度可以接近收获密度，常年出苗率较低的地块播种密度要根据预期出苗率计算；土壤肥力高、品种植株高大以及热量资源丰富、无霜期较长、花铃期降水量大的地区密度应小一些，土壤肥力差、品种株型紧凑、化控较重、无霜期短、自然灾害较多等情况种植密度应大一些。

㉑　如何科学利用缩节胺化控技术？

缩节胺，又称甲哌鎓，是一种常用来控制棉花营养生长的化学调节剂，通过抑制植物体内赤霉素的生物合成从而抑制生长。合理利用缩节胺进行化控，可起到控制棉花营养生长、促进生殖生长、多结蕾铃、塑造理想株型等作用。

缩节胺的施用量和次数要根据地力条件、品种类型、棉花生长速度等情况确定。地力条件差、水肥少的田块以及对缩节胺敏感的品种减少缩节胺施用量，品种长势强、水肥偏多、棉花生长速度快的棉田化控量要大一些，次数多一些。每次使用缩节胺后的持效期一般在15～20天。建议定期测量棉花植株高度，监测棉花生长速度。总之，要利用化控技术，把棉花植株高度控制在目标高度，塑造理想株型，最终形成群体光合作用最适的群体结构和产量结构。

研究表明，缩节胺应用后6 h吸收率为43.6%，24 h为60.6%，因此，要注意喷药后6～24 h内无降雨，如果6 h内有降雨需要补喷1次。同时，棉花叶片吸收的缩节胺主要停留在所喷施的器官中，很少转移到其他邻近叶片、果枝和顶芽，因此，田间喷药时要使需要调控的部位都能着药。

新疆膜下滴灌条件下，全生育期一般喷施缩节胺5次左右。

第1次在棉花现行后，每亩用缩节胺1~2 g；第2次在两片真叶期，每亩用缩节胺2~3 g；第3次在头水前，每亩用缩节胺2~4 g；第4次在打顶后5天左右，每亩用缩节胺8~10；第5次在打顶后12天左右，每亩用缩节胺6~8 g。

22 化学封顶好，还是人工打顶好？

由于人工打顶费用越来越高，化学封顶技术在新疆开始了示范推广。化学封顶技术一般是在人工打顶时期，施用以缩节胺、氟节胺为主要有效成分的药物，从而达到控制棉花顶端生长的目的。化学封顶可以节省人工，产量与人工打顶持平或稍有减产，并且要与合理的肥水施用相结合，不能大水大肥。到底应该采用化学封顶还是人工打顶，首先要看对化学封顶技术应用的熟练程度，最终还是要看比较效益，就是看看哪个更划算。如果人工打顶的人工费用超过了化学封顶的产量损失，那就用化学封顶。另外，化学封顶剂，有时也称作化学打顶剂，其实二者是一样的，称作化学封顶剂更科学。

23 塑型剂、打顶剂、甲哌鎓、缩节胺、芸苔素、赤霉素等都是什么？怎么用？

这些都是植物生长调节剂，可分为两类，即控制生长和促进生长。一般塑型剂、打顶剂、甲哌鎓、缩节胺是控制生长类的调节剂，芸苔素、赤霉素、胺鲜酯是促进生长类的调节剂。塑型剂一般以缩节胺、矮壮素、烯效唑等为主要有效成分。化学封顶剂是用于控制顶尖生长的，一般以缩节胺、氟节胺为主要有效成分。甲哌鎓和缩节胺是同一种物质的两种名字。

塑型剂跟缩节胺的用法基本相似，针对肥水较多、密度较大、有晚熟风险的棉田施用。化学封顶剂的施用时期跟人工打顶一样，但一定要注意不能大水大肥，不然效果会大打折扣。芸苔素又叫芸苔素内酯、油菜素内酯，在提高作物的抗寒、抗旱、抗盐碱等抗逆性方面有作用，可以用于喷施或种子包衣。

24 膜下滴灌棉田一共需要浇多少水，如何分配？

在新疆膜下滴灌种植条件下，一般年份每亩浇水270～350 m^3水就够了，一般全生育期浇10次水，每次30 m^3左右。浇水不宜过多和过少，浇水太多容易旺长，浇水太少则容易发生缺水干旱。如果遇到特殊年份或特殊情况，还需要临时调整，例如雨水偏多的年份或地区，灌水量要相应减少；大气温度偏高，植物生长发育较快的年份，灌水量要适当偏大或者增加灌水频次。沙质土壤可以采用少量多次的原则，就是每次滴灌的量少一些，灌水周期缩短。盐碱较重的土壤用水量可以多一些，以减轻盐碱造成的吸水困难。

25 干播湿出的技术要点是什么？

新疆北疆棉田普遍使用干播湿出技术，又称滴水出苗技术。北疆冬季降雪使土壤获得自然补水，因此该技术在播种前，一般不用冬灌和春灌，开春直接整地、铺膜、铺滴灌带、播种，在达到出苗所需的地温条件后，通过膜下滴灌的方式滴水，使土壤墒情达到出苗要求而出苗。该技术要求播种前耕作层的含盐量要低于0.3%，地下水位低于1.5 m，同时有一定的底墒。当土壤含盐量较高，达到0.2%～0.3%的时候就有必要冬、春灌一次进行压盐处理。

使用"干播湿出"技术的土壤一定要干吗？如果播完种不能在2～3天以内滴出苗水的，播种土壤一定要干，防止种子吸收土壤中的水分开始萌动，造成出苗不齐、苗弱等现象。滴灌毛管的选择也要根据土壤质地进行改变，壤土一般用2.2～2.6 L/h流量的毛管，沙性大或砂砾地使用2.8～3.2 L/h流量毛管，黏性大、板结地选用1.6～1.8 L/h流量毛管。滴水量和次数也要根据地温和底墒灵活掌握，一般每亩滴水20 m³左右。

南疆棉田一般盐碱含量较高，要根据土壤含盐量、地下水埋深、底墒等情况来确定是否采用滴水出苗技术。

26 地膜有窄膜、宽膜、超宽膜，如何选择？

当前新疆棉花生产上机采棉常用的地膜有125 cm和205 cm，近年来也有示范推广440 cm超宽膜覆盖的团场。125 cm的地膜一般采用66 cm+10 cm 1膜4行的行距配置。205 cm的地膜有1膜6行、1膜4行、1膜3行的配置方式，1膜6行也是66 cm+10 cm行距配置，1膜3行也就是近年来兴起的76 cm等行距宽行稀植模式，1膜4行是1膜6行的基础上去除两个边行的配置方式。440 cm超宽膜可采用1膜12行、1膜10行、或1膜6行的76 cm等行距的模式。可见随着地膜的加宽，土地的裸露比例逐渐降低。地膜有增温、保墒、抑盐、防草等功效，在新疆干旱少雨、积温不足的生态条件下有显著的增产作用。按照理论讲，地膜的覆盖度越高，土地的裸露比例越低，有利于增温保墒，有利于减少边行和中间行棉花的生长差异，有显著的增产作用。但对于春季大风频发和土地不平整的情况，建议不用超宽膜。

27 地膜污染的害处，如何解决？

　　地膜覆盖对新疆棉花生产有显著的增产作用，但是随着地膜的连年使用，土壤中积累的地膜量逐年增加，负面影响越来越明显。普通地膜主要成分为聚乙烯，在土壤中很难分解，地膜在土壤中会改变土壤的理化性质，阻碍棉花根系生长，影响水肥利用效率，并降低播种质量和出苗率，从而降低棉花产量。

　　防治地膜污染的措施主要有地膜回收和使用可降解地膜，同时，在水热条件好的地方可以考虑不使用地膜。地膜回收要采用符合国家标准的0.01 mm及以上厚度的地膜，利用地膜回收机械进行回收，减少棉田地膜的累积。可降解地膜目前成本较高，正在示范推广阶段。

28 如何防治蕾铃脱落？

　　蕾铃脱落与温度、密度（隐蔽）、水肥、病虫害、干旱、盐碱等因素有关。首先，要确定合理的种植密度，一般新疆棉花播种密度在12 000～14 000株/亩较为适宜，密度过大，容易造成花铃期通风透光性差，影响下部叶片光合作用，造成蕾铃脱落。其次，水肥管理不当也容易蕾铃脱落，水肥过多会造成营养生长偏旺和通风透光性差，蕾铃器官营养不足而脱落；水肥过少，会因为不能满足生长所需而脱落。及时防治病虫害、逆境频发的棉田选用抗逆品种、合理化控控制旺长也是防治蕾铃脱落的关键。

29 **棉田旺长的特征是什么？如何判断？**

棉花旺长一般表现为主茎日增长量过快和红茎比过低。正常生长的棉花，主茎日增长量苗期为0.5~0.8 cm，蕾期为1~1.5 cm，盛蕾初花期为2~2.5 cm，花铃期为1~1.5 cm，超过上述生长量则为疯长。一般棉花红茎比苗期为0.5或0.4，蕾期为0.6，花铃期为0.7，如果绿色主茎部分所占比例过大，属疯长症状。一般通过水肥和化控来控制棉花的旺长，其中水控是最经济有效的方法。

30 **盐碱地上棉花如何高产？**

盐碱地是各类盐土、碱土及不同程度盐化和碱化土壤的总称。盐碱地由于土壤中含有过量的盐碱成分，土壤理化性质较差，有机质含量低，同时会造成棉花离子毒害和吸水困难，从而抑制生长，甚至导致死苗。新疆南疆土壤一般盐碱含量较高，需采用灌水压盐排盐、土壤改良、选种抗盐品种、提前整地盖膜等方法达到抗盐高产的目的。针对耕层土壤含盐量高于0.3%的土壤必须进行冬灌压盐，使土壤表层盐分下渗而降低耕层土壤含盐量，冬灌一般用水量120 m³左右。针对春天耕层含盐量依然在0.3%的土壤还需进行春灌压盐。有条件的地方，最好设置排碱渠，将灌水压盐后的盐碱水排出。还可以通过平整土地、增施有机肥、深翻、种植绿肥等方法改良土壤。土地平整可以防止盐碱向高处聚集。深翻或深松有利于土壤表层盐分下渗和延缓下层盐分上升。有机肥和绿肥可提高土壤有机质含量，有利于土壤团粒结构的形成，从而可延缓下层盐分上升。采用滴水出苗技术的田块可以出苗水滴施腐殖酸，也有一定的抗盐作用。此外，有些兵团团场开始推广早春提前整地盖膜的技术，等地温达到出苗标准时再播种，从而起到保墒防治返盐的作用。

对于盐碱较重的农田，应先深松50～55 cm，然后犁地灌水，每亩灌量达到180 m³以上，积水时间超过24 h，洗盐效果显著；对于重盐碱地灌溉后，应保持水层在20 cm 2天以上，才能达到泡盐和洗盐的目的。

31 如何选择种子包衣剂？购买的种子已经包衣了，还需要包衣吗？

种子包衣剂的有效成分一般包括杀虫剂、杀菌剂、生长调节剂、营养元素及成膜剂等。一般应根据需要选择包衣剂的种类，例如：如果棉田苗病较重，应选择含有多菌灵、福美双、咯菌腈、精甲霜灵等杀菌剂的包衣剂；如果棉田苗期蚜虫、蓟马较重，应选择含有吡虫啉、啶虫脒、噻虫嗪等杀虫剂的包衣剂，如果棉田有盐碱、低温危害，可选择含抗逆成分的种衣剂。

当前，市场上销售的种子一般均已经包衣，是否还需要二次包衣？这需要了解已经购买的种子所使用的包衣剂是否满足当地需要。如果种子上的包衣已经含有所需有效成分，可以不再包衣。如果不能满足需要，可以购买种衣剂再次包衣。

32 沙土地上如何实现高产？

沙质重的土地保水保肥能力较差，一般需要从合理密植、增施有机肥、滴施腐殖酸、增加灌水频次、选择适宜毛管等方面提高水肥利用效率。第一，沙质土壤种植棉花个体较小，最好密度大些，靠群体取胜，播种密度可在15 000株/亩左右。第二，要增施有机肥，增加土壤有机质含量，改良土壤理化性质。第三，滴施腐殖酸对保水保肥也有较好的作用。第四，由于沙土地保水能力差，所以要增加灌水频次，采取少量多次的方式，如7天灌1次水。第五，毛管滴头流量一般为1.8～3.2 L/h，滴头间距为0.2～0.6 m，沙土地可选择流量大一些和间距较小的毛管，从而减少水肥的下渗，增加水分的横向移动。

33 连续种植棉花多年，产量低怎么办?

棉花多年连作会造成病原菌累积、犁底层加厚、有机质含量变少，应采取轮作倒茬、深翻深松、增施有机肥、种植抗病品种等措施打破连作障碍，从而增产增收。首先，采用与其他作物轮作，能降低土壤中有害微生物的积累，改善土壤微生物环境和土壤营养状况。其次，对于多年连作土壤犁底层加厚、容重增加、土壤疏松度变差的棉田，也要采用深翻或深松的办法，打破犁底层、降低土壤容重，深翻、深松的深度一般为40 cm。再次，对于有机质含量低于10 g/kg的棉田，要增施有机肥，提升土壤有机质含量，改善土壤性质。最后，对于多年连作的棉田，一般黄萎病发生为害较重，最好选择抗黄萎病或耐黄萎病的品种。

34 如何管理才能使棉花根系发达?

发达的根系是土壤水肥高效利用的基础。可以采用改良土壤、合理水肥管理、有效化学调控、种植根系发达品种等办法，促进棉花根系生长，提高水肥利用效率。首先，通过深翻或深松、增施有机肥、种植绿肥等措施，打破犁底层，并使耕层疏松，创造有利根系生长的环境。其次，合理的水肥调控也是塑造良好根系构型的有效方法。过度地灌水不利于根系的下扎。一般棉田用水每亩在270 ~ 350 m³，不宜过度灌水。在总灌水量不变的情况下，适当增加单次灌水量、减少灌水次数也有利于根系生长，例如改7天1水为10天1水。最后，利用缩节胺化控技术，适当控制地上部分的生长，严格控制旺长，有利于地下部分生长。

35　棉田深翻、深松好不好？

土壤深翻，也称为深耕，一般是指耕翻深度在30 cm以上的耕地方法。深松则是指在不扰乱和改变土层结构的情况下，用机械松碎土壤。棉田深耕和深松的深度可以在40 cm左右，每2 ~ 3年开展一次。由于受习惯耕作方式影响，土地多年不深耕或深松，土壤耕层显著变浅，犁底层逐年增厚，制约了作物产量的提高。深耕或深松不仅能够打破犁底层、加深耕作层，而且能够降低土壤容重，有利于吸纳雨水、贮水保墒，满足棉花生长对水的需求，有利于棉花根系下扎和植株生长。深耕和深松还可以改善土壤中气体的有效交换，增加土壤的气性微生物和矿物质的有效分解，从而培肥地力。还改变病虫草的原有生存环境，有利于减轻土壤病虫草害，特别是深耕可以把病菌、越冬害虫、草籽翻入深土层，从而显著减轻其为害。对于盐碱地还有利于盐分的下渗。但是对于质地轻的沙土，可以不用翻耕，有利于保墒。

36　土壤培肥的技术有哪些？

土壤培肥的措施包括种植绿肥、增施有机肥、深耕改土、秸秆还田，轮作倒茬、平衡使用化肥等。土壤培肥的核心是增加土壤有机质的含量。

绿肥包括冬、春、夏、秋绿肥等几种类型。冬绿肥是在前一年秋天播种，利用冬季和早春生长的绿肥作物，包括黄花苜蓿、毛叶或光叶苕子、蚕豆、箭舌豌豆、草木樨等。一般鲜草产量可达750~1 500 kg/亩。冬绿肥是利用绿肥的一种主要方式。其他季节的绿肥大多与棉花套作或轮作种植。

增施有机肥可以改善土壤的理化性质，增加土壤微生物的数量，增加土壤有效养分含量。包括饼肥、家畜粪肥等。深耕可以熟化土壤，加速土壤养分的分解，提高土壤养分的有效性。

秸秆还田也是提高土壤有机质含量、培肥地力的一项措施。秸秆直接还田应注意增施氮肥、翻耕深度在25 cm以上，但枯黄萎病发生严重的地块不宜直接还田。

37 什么是"边行内移"？有什么好处？

边行内移技术是指棉花播种时，调整播种盘，使边行向膜内移动4~6 cm，使边行到膜边的距离大于10 cm，达到内外行温度、水分等条件基本一致，出苗和生长势一致的效果。

当前生产上通常使用的棉花覆膜播种方式膜边行距离膜边一般为4~6 cm，播种后边行地温与墒情均低于内行，因此造成边行种子萌动慢、出苗慢，遇低温更易烂种死苗、大小苗现象等问题。而通过将棉花边行内移可缩小边行与内行在温度、湿度等方面的差异，增强边行棉株的抗逆生产能力，有利于边行和内行棉花生长发育的一致性，具有较好增产效果。该技术只需按农艺要求调整播种机，无须增加新的成本，即可较大幅度地增加棉花产量，达到节本增效的目的，是当下实现棉花高产高效的关键技术措施之一。

38 如何实现一播全苗？

一是选择适宜的品种和高质量的种子。应选择适宜当地土壤和气候条件，并适于管理者栽培习惯的品种。在生育期方面，北疆适合种植在120～125天的棉花品种，而南疆适合种植130～140天的棉花品种。在纤维品质方面，机采棉应选择纤维长度和断裂比强度均不能低于30、马克隆值3.5～4.5的品种。机采棉品种应株型紧凑、吐絮集中、含絮力适中，第1果枝高度20 cm以上。同时，还应注重品种的黄萎病抗性和盐碱、干旱等逆境抗性。

选择经过风选、色选、重力选、磁力选的高质量合法经营种子。播前需晒种，以完成种子后熟、减少种子带菌，提高出苗率和发芽势。所购种子上的包衣成分不能满足需要的，可以二次包衣。有条件的可以在播种前提前做发芽实验，检测发芽势和出苗率。

二是做好播前土地准备。要做到秋耕冬灌和早春土壤处理，有利于洗盐保墒和减轻病虫草害。在春季土壤返浆期（上融下冻）耙雪保墒，必须浅糖表层土。非滴水出苗情况下且墒情不足或盐碱比较重的地块可在3月20日前完成春灌。对秋季犁过的土地，进行平地、搂膜，均匀喷施二甲戊灵等除草剂，然后耙地混土。播种前土壤达到"平（土地平整）、齐（地边整齐）、松（表土疏松）、碎（土碎无坷垃）、墒（足墒）、净（土壤干净无杂草、秸秆、残膜等杂物）"的标准。

三是确定适宜的播种日期。根据当地气象台站临播前的中短期天气预报，结合当地的气候特点、土壤条件，适时铺膜播种。一般情况下当膜下5 cm地温连续3天稳定通过12 ℃时即可播种，北疆棉区适播期为4月10日左右，南疆棉区适播期4月5日左右，保证实现4月苗。

四是完成高质量播种。采用带有北斗或GPS卫星定位导航系统的精量机采棉播种机，完成铺管（滴灌管带）、铺膜、压膜、精准穴播、播种行覆土等一体作业。铺膜平展紧贴地面，压膜严实，覆土适宜，边行距外膜边在10 cm以上；滴灌带铺设采用一膜两管或一膜三管；铺膜压膜铺设管带不错位、不移位；播行端直，接行准确，不漏不重，行距一致性偏差≤50 mm；播深1.5 cm，覆土厚度1.0～1.5 cm，深浅一致，覆土均匀；播量精准，空穴率2%以下，单粒率95%以上，种子与膜孔错位率在3%以下，出苗率在90%以上。如播后遇雨，在覆土尚未板结时，在2天内完成破除板结，不可损坏地膜，或采用侧封土技术降低降雨对出苗的影响。

对于滴水出苗棉田，要边播种边布管，做到24 h结束布管、36 h结束滴水。严禁滴水过量，不能将种行滴成"湿带"、将种孔滴成"湿眼"，不能以滴蓄墒，待穴孔土壤隐约湿润即可停水。

一般出苗需要7～15天，实现保苗密度1.3万～1.4万株/亩，保证收获密度达到1.2万～1.3万株/亩。播后做好防风灾、低温冷害、防虫等工作，及时放苗。

39 苗期管理要点是什么？

苗期管理的主攻目标是控上促下，促进棉苗稳健生长，增强抗逆能力。苗期主茎日生长量一般为0.5 cm左右。红茎比0.5。棉花播种出苗期土壤水分以田间持水量的70%左右为宜。苗期土壤水分以田间持水量的55%~60%为宜，过低影响棉苗早发；过高棉苗扎根浅，易形成旺苗。

苗期的主要管理措施包括：一是适时中耕，使接行土质疏松，中耕做到"宽、深、松、碎、平、严"，要求中耕不拉钩、不拉膜、不埋苗，土壤平整、松碎，镇压严实。中耕深度12~14 cm，耕宽不低于22 cm。田间无病虫、杂草为害。二是选用啶虫脒等药剂防治蚜虫、蓟马，卷叶株率控制在1%以下，避免产生无头棉和多头棉。三是喷施缩节胺、磷酸二氢钾等，控上促下，提高抗逆能力。四是做好防风、抗低温等工作。

④0 蕾期管理要点是什么？

蕾期管理的主攻目标是协调营养生长与生殖生长，壮而不旺，蕾多蕾壮，搭好丰产架子。一般5月下旬现蕾，现蕾时叶片6~7叶，棉株上下窄，中间宽，叶色亮绿，顶心舒展，株高25 cm左右，日生长量1.2~1.5 cm；6月5—10日进入盛蕾期，叶片数9~11片，棉田叶色深绿，株高40 cm左右，主茎日生长量2 cm左右，主茎节间长度5~7 cm，蕾大而壮。红茎比6:4。蕾期土壤水分以田间持水量的60%~70%为宜，超过75%棉花徒长。从50%的棉花现蕾到50%的棉花开花为蕾期，一般蕾期时长22~30天。

蕾期的主要管理措施有：一是根据土壤含水量判断生育期首次滴水的日期，简称"头水"。一般头水时间在6月10—15日，用水量为每亩20~30 m³，以浸润区超过棉行10~15 cm为宜。不带肥料或带少量肥料。头水的早晚对棉花生长发育影响很大，头水过早易引起棉株徒长，头水过晚则影响棉花生长。生产一般采用见花灌头水，应当监测土壤含水量，适时灌水，若耕层土壤含水量低于田间持水量的60%时，即黏土地土壤含水量15.5%～17%、壤土含水量13%～14.5%、沙壤土含量11%～12%时应灌头水。二是科学化控，监测植株高度，参照前面所述的蕾期主茎日增长量和对应叶龄的植株高度，如果超过参考的上限，每亩应施用2～4 g缩节胺控制植株生长。三是清除田旋花、苍耳、龙葵、稗草等恶性杂草，做到棉花全生育期田间无杂草。四是加强田间调查，做好红蜘蛛、棉蚜等害虫防治。可选用炔螨特、四螨嗪、噻螨酮、阿维菌素等防治红蜘蛛；选用啶虫脒、吡虫啉等防治棉蚜。

41 花铃期管理要点是什么？

花铃期管理的主攻目标是减少蕾铃脱落，防旺长和高温干旱，实现早结铃、多结铃、结大铃。花铃期主茎日增长量1～1.5 cm，红茎比0.7。打顶时株高在80 cm左右。土壤水分为田间持水量的70%～80%，若低于55%，会造成蕾铃脱落。7月10日左右封小行，7月底封大行。上封下不封，行与行界限分明。

花铃期的主要管理措施有：一是按时打顶。按照"枝到不等时，时到不等枝"的原则。新疆棉区一般在7月1—10日打顶，北疆在7月1—5日，南疆在7月5—10日。二是水肥管理。一般每次滴水25～30 m³，滴7～9次水。在测土配方和施基肥的基础上，随水滴施60%～70%的氮肥和20%～30%的磷钾肥。一般每次滴施尿素3～6 kg，加适量磷钾肥。7～10天1次水肥，8月下旬停水。三是化学控制。如果水肥控制较好的，一般只在打顶后顶部果枝伸长5～7 cm或现蕾两个时，进行1次化控，每亩喷施缩节胺8～10 g。如果长势较旺，可在顶部果枝第二果节长2～3 cm时再次化控，每亩喷施缩节胺10～15 g。将株高控制在100 cm以内。四是病虫害防治。做好棉叶螨、蚜虫、蓟马、盲蝽、棉铃虫的防治。近年来，在新疆棉田出现的僵铃和裂铃问题，有些就是由于蓟马和蚜虫引起的。

42 吐絮期管理要点是什么？

吐絮期管理的主攻目标是增铃重，促早熟，提品质，防早衰，达到青枝绿叶吐白絮的目标。吐絮期要求土壤水分为田间持水量的55%～70%。

吐絮期的主要管理措施有：一是机采棉做好化学脱叶。在棉花顶部铃铃期45天以上或棉花田间吐絮率达到40%时以上时喷施脱叶剂。使用脱叶剂后5～7天晴天，日平均气温18 ℃以上，日最低气温12 ℃以上。具体时间要根据各地9月天气预报确定。正常天气情况下，北疆9月5—10日喷施脱叶剂，南疆9月15—20日喷施脱叶剂。一般每亩施用40 g噻苯隆（50%可湿性粉剂）加100 mL乙烯利（40%水剂）。二是机械采收，在棉田脱叶率达90%，吐絮率达95%以上及时进行机械采收。机采前，埋好滴灌毛管断头，清除杂草、捡拾挂在棉株上的残膜和障碍物。人工将棉田两头拾出20 m地头。要严格控制采摘籽棉的水分及杂质，含杂率<10%，含水量<10%，采净率93%。一般北疆于10月30日前，南疆11月10日结束机采。为降低棉花含水量，早晨无露水时开始机采，22：00后停采。三是适时停水，促进棉桃早熟。一般北疆8月25日前停水，南疆最晚9月5日前停水。四是做好机械收

获后的棉田清理。人工抽出滴灌带后，进行一次机械立秆搂膜。棉秆经机械粉碎后还田，秸秆长度不超过15 cm，留茬高度在10 cm以下。

43 什么是间作套种？什么是孜然与棉花套种栽培技术？

套种是指在前季作物生长前期或后期的株行间播种或移栽其他作物的种植方式，也叫套作、串种。对比单作它不仅能阶段性地充分利用空间，更重要的是能延长后种作物的生长季节，提高复种指数，提高年总产量。例如麦棉套种、蒜棉套种，棉花还可以与西瓜、辣椒等作物套种。

间作是指在同一田地上于同一生长期内，分行或分带相间种植两种或两种以上作物的种植方式，例如棉花与果树间作、棉花与花生间作等。

棉花与孜然（南疆俗称小茴香）套种在新疆南疆种植较多。孜然的全生育期较短，约为60天。孜然在棉花浇头水前即可成熟收割，在棉花产量不受影响的前提下，可以增收一茬经济作物，提高经济效益，增加农民收入。根据目前的市场价格，每亩效益可达100～150元。一般南疆底墒出苗有孜然种植。由于北疆4—5月降水多和滴水出苗，北疆较难种植。

孜然籽粒小，不易出苗，因而对土地的要求非常严格，要求选择肥力中上等的沙壤土，新疆阿克苏地区一般在棉花一体化播种结束后，立即在膜外人工开沟播种孜然，播种2～4行，行距10 cm，播种深度为1.5～2 cm，株距为9.5 cm。近年来大多进行人工宽行条播，有条件的地方配套孜然播种器或在棉花播种过程中加配孜然播种器。5月初要进行防治地老虎，否则可能一夜之间被吃光。6月中旬，当孜然籽实发黄、茎叶枯萎时进行人工收获，收获建议在早上或傍晚进行，这时植株受潮，种子不易脱落，可以大大提高收获率。

④ 44 冬灌有何好处？是否还需要春灌？

冬灌可以蓄水保墒，洗压盐碱，并通过冻融交替冻死地下害虫和疏松土壤。冬灌一般在冬季土壤封冻前进行，一般每亩灌水60～70 m^3，沙土70～100 m^3，盐碱地120 m^3。渗透量较大的地块，可以在封冻后进行。冬灌过早气温高，蒸发量大，水分损失多；过晚因土壤结冻，水不下渗，在来年解冻时造成地面泥泞，不好整地。春灌是棉田在未进行秋冬灌或播前土壤墒情不足时进行，在播前10天进行均匀灌溉，灌水量不宜过大，一般80～100 m^3。

④ 45 可以不施基肥吗？

膜下滴灌棉田首次追肥时间为蕾期，基于棉花氮、磷、钾营养元素吸收总量分析，如果测土结果显示土壤中养分含量能够满足棉花前期生长发育需求，可以不施用基肥。但是长期不使用基肥存在脱肥风险，需要定期及时对土壤中有机质、全氮和速效氮、磷、钾含量进行测定，评价土壤养分状况。

然而，从土壤质量提升和土壤微生物群落优化的角度，建议施用基肥。新疆棉田土壤盐基离子含量高，部分棉田土壤质地偏黏、通气性不好，有些棉田土壤质地偏砂、保水保肥能力差，长期连作和秸秆还田导致土传病害问题日益严峻。因此，除了基施化肥补足氮、磷、钾营养元素外，建议基肥配施有机肥、腐植酸肥料或生物有机肥等具有改良土壤环境、提升土壤质量的功能肥料，以期促进新疆棉花高质量、可持续生产。

46 一季棉花需要多少肥料？

棉花生长发育和产量形成需要的必需营养元素有碳、氢、氧、氮、磷、钾、钙、镁、硫、铁、硼、锰、铜、锌、钼、氯、镍。棉花对碳、氢、氧3个元素的吸收主要来源于空气和水分，其他的营养元素需要棉花通过根系从土壤中吸收，如果土壤不能充分供给这些营养元素就需要通过土壤施肥或叶面施肥来补充。

新疆棉区，每生产100 kg皮棉，棉株生长发育需要吸收13.5 kg N、5.6 kg P_2O_5、13.4 kg K_2O。从保障棉花生产和土壤质量平衡角度，以亩产籽棉400 kg为例，全年需要投入有机肥（厩肥或堆肥）1 500~3 000 kg，化学氮肥（以N计）16~24 kg、化学磷肥（以P_2O_5计）7~14 kg、化学钾肥（以K_2O计）4~10 kg，全生育期叶面喷施0.2%硼砂2~3次，全生育期叶面喷施0.2%七水硫酸锌2~3次，全生育期叶面喷施0.2%螯合铁肥2~3次，全生育期叶面喷施0.1%硫酸锰2~3次。越是高产田块，越要重视花铃期叶面肥的施用，往往能够获得事半功倍的效果。

47 什么肥料适合盐碱地使用？

土壤含盐量高、土壤pH值高是盐碱地的普遍特点。较高的钠离子会通过离子毒害、渗透胁迫和引起营养失衡等机制导致棉花种子萌发缓慢、根系生长受抑制，以及光合作用减弱。高pH值不仅会直接伤害植物的根部，破坏根系的生长与细胞的分化，改变细胞的结构与膜的稳定性，干扰跨膜电位的形成，致使根细胞功能及代谢紊乱，而且还会导致磷、钙、镁、锰、铁、锌等重要矿质元素大量沉淀，造成植物生长发育受阻。

盐碱地植棉优先建议充分灌水排盐，平衡土壤pH值。其次，增施有机肥或腐植酸肥料来缓冲土壤盐基离子浓度，还有就是基于盐碱限制棉花生长发育的机制，可以选择高钾型肥料、化学酸性肥料、生理酸性肥料和完全营养肥料以帮助棉花更好的生长发育，并辅助进行叶面施肥，进而提高棉花产量和纤维品质。

48 头肥越早越好吗？

膜下滴灌棉田，随水施肥更加方便，且养分利用率较高。棉花养分需求高峰期出现在花铃期，因此追施肥料的时间应该依据苗情而定。施用基肥且苗壮，不宜过早追肥，过量用肥会造成生长过旺，增加化控和管理成本，且过早封行不利于通风透光；不施基肥且弱苗，存在脱肥风险，建议第一水就带肥，且氮磷配施，协调营养生长和生殖生长，避免营养生长过旺而影响现蕾；旺苗，建议控水且延迟追肥，避免拔节太快影响蕾铃空间分布和后期成铃吐絮。

49 什么是腐植酸肥料？

根据国家标准《腐植酸原料及肥料》（GB/T 38073—2019）中规范术语，腐植酸是腐殖物质（主要成分为腐植酸、黄腐酸和不溶物胡敏素）中一组相对分子量较大的，只能溶于稀碱溶液，不能溶于酸和水，具有芳香族、脂肪族及多种官能团结构特征的，呈黑色或棕黑色的无定形有机弱酸混合物；腐植酸原料主要包括含腐植酸的泥炭、褐煤、风化煤、油母页岩等有机矿物，以及含非矿物源生物质腐植酸为主的生物质发酵腐殖化后的物料。

腐植酸肥料就是矿物源腐植酸或非矿物源生物质腐植酸与化肥配合制成含一定腐植酸和养分标明量的肥料。包括：腐植酸铵、含腐植酸尿素、腐植酸包衣尿素、硝基腐植酸、硝基腐植酸铵、含腐植酸磷酸一铵、含腐植酸磷酸二铵、农用腐植酸钾、含腐植酸水溶肥料、腐植酸有机-无机复混肥料、腐植酸生物有机肥料、腐植酸中量元素肥料、腐植酸微量元素肥料和腐植酸盐等。

50 棉花早衰是缺钾吗？

棉花缺钾会造成早衰，主要表现在功能叶、棉铃对位叶及上部叶片脉间失绿、叶绿体片层结构受损、淀粉转移受阻、叶缘变黄或变红焦枯，上部茎秆变红、干瘪，降低铃重、影响棉纤维品质。然而，在新疆膜下滴灌棉田，脱肥、停水过早和低温寒潮都会造成早衰。而且一般可以目测出的早衰发生后，基本不可逆，所以建议生产上还是应该在棉花中后期注意水肥管理，尤其结铃较多田块，可采用延迟停水时间、喷施叶面肥等手段保证棉花生长和产量、品质形成。

51 施肥过多能通过多打缩节胺控旺吗？

缩节胺主要作用是控制地上部的生长点的生长，塑造棉花良好株型结构。一般情况下，灌水施肥后通过喷施缩节胺来调控营养生长和生殖生长的关系能够帮助棉株构建高产株型，但是并不是多施肥多打缩节胺就高产。而且，在水肥过量的情况下，大量喷施缩节胺容易造成叶片肥厚，造成群体通风透光变差，自身光合产物消耗增加，而且不利于后期脱叶催熟。建议摒弃"以肥料换产量"的老思想，生产中注意肥料的合理适时、适量应用，避免肥料投入过多造成浪费和损失。

52 微量元素如何补充？

微量元素肥料的应用主要根据土壤状况和农作物生育阶段而定。新疆棉田土壤偏碱性，因此土壤铁、锰、锌、铜等元素较低，而且磷肥投入偏高，也间接造成这几种元素在土壤中的固定增加。生产上建议叶面喷施为主，肥料物质应用浓度以0.1%~0.2%为宜，每个生长季节喷施2~3次。需要说明的是，硼肥可以喷施也可以基施，但用量不宜过大，在蕾期和初花期叶面喷施浓度为0.2%硼砂两次为宜；此外，如铁肥和锌肥通过螯合再喷施，效果更好。

53 叶面肥只是喷磷酸二氢钾吗？

磷酸二氢钾作为高含磷、钾的肥料被广泛应用于农业生产。但是，叶面施肥时，单纯使用磷酸二氢钾还不够，需要与其他营养元素和生物刺激素配合应用效果更好。在棉花苗期，由于低温和病虫影响，棉花生长缓慢，此时喷施磷酸二氢钾浓度不宜太高，建议应用含生物刺激素的氮素肥料为宜；棉花现蕾开花阶段是硼、锌需求量较高的时间，此时应以喷施微量元素为主，而且硫酸锌等非螯合锌会与磷酸二氢钾反应产生沉淀，两者应分开使用；棉花花铃期喷施叶面肥，可以提高磷酸二氢钾的浓度，但是为了促进叶面对养分的吸收和养分平衡，建议复配一定量的尿素或助剂。

54 需要用秸秆腐熟剂吗？

新疆冬季气象条件不利于秸秆腐熟，未腐熟秸秆容易刺穿地膜，影响来年播种质量，而且感病棉株的秸秆还田后为病菌提供了繁殖条件，影响连作条件下棉花种植。因此建议使用秸秆腐熟剂，提高秸秆分解转化效率，以保障新疆棉花绿色可持续生产。

第四章

新疆棉花病虫草害及其防治

55 **引起棉苗烂根的病害有哪几种？有什么为害特点？**

棉花苗期病害是一类由多种病原菌侵染的、为害种子萌发和幼苗生长的病害，一般发生在播种后一个月之内。棉花苗期病害主要有立枯病、炭疽病、红腐病、猝倒病等。按棉苗为害时期可分为出苗前的烂种和烂芽，以及出苗后的烂根和死苗。

烂种：播种后至发芽前，种子带菌和土壤中越冬的病菌，如炭疽病菌、立枯病菌和红腐病菌等在低温高湿的条件下都会侵染棉种引起烂种。

烂芽：在种子发芽后至棉苗出土以前，土壤里的立枯病菌、猝倒病菌和红腐病菌等会侵害幼根、下胚轴的基部，导致烂芽。

烂根：棉苗出土以后，立枯病菌、猝倒病菌和红腐病菌都会侵害棉苗的根和茎基部并引起根和茎基部腐烂。立枯病菌引起的黑色根腐，茎基部病斑呈缢缩状；红腐病菌引起的烂根，起初是锈色，后期呈黑褐色干腐；猝倒病菌引起的烂根是水渍状淡黄色软腐。

死苗：出苗后的死苗，以立枯病菌、炭疽病菌、猝倒病菌和红腐病菌为主要病原，其中以立枯病菌引起的死苗最常见。

56 **什么是棉苗立枯病？有什么为害特点？**

棉苗立枯病俗称烂根病，是一种多发性常见病害。其为害特点为：棉籽萌发未出土前，引起烂种、烂芽，棉苗出土后引起根部腐烂或幼苗变褐死亡。棉苗受害茎基部出现黄褐色病斑，逐渐扩展包围整个茎基部，病部缢缩，凹陷较深，严重会导致病苗枯死。子叶病斑不规则，黄褐色，多发生在子叶中部，往往穿孔脱落。病苗及周围土壤中可以见到病菌菌丝体。现蕾期前后如遇天气多雨，棉株也能受害，茎基部出现黑褐色病斑，略凹陷，严重时病斑包围整个茎基，明显缢缩，呈湿腐状，皮层往往剥落，木质纤维暴露，病株容易折断致死。棉苗立枯病发病适宜土温为15~23 ℃，春季低温多雨的年份病害发生严重。土质黏重、地势低洼、排水不良等有利于病害的发生。由于病菌能在土壤中存活繁殖积累，故连作棉田发病重。早播棉田，由于土温低，出苗慢，病菌侵染时间长，棉苗抵抗力弱，容易感病。棉花品种的抗病性有差异，抗病品种发病轻。

57 什么是棉苗炭疽病？有什么为害特点？

棉苗炭疽病主要为害幼根，引起出幼苗的基部溃疡，常与立枯病和红腐病混合发生，造成缺苗断垄，甚至毁种，尤其在播种前后多雨低温的年份或地区，棉苗炭疽病影响一播全苗、壮苗早发和棉纤维品质。为害特点为：萌动的棉籽在土壤中受到病菌的侵害，呈现水渍状腐烂，不能出土而死亡，幼苗发病茎基部或稍偏上部产生红褐色条纹，逐渐扩展成条形病斑，稍凹陷，严重时失水纵裂，幼苗萎蔫死亡。子叶受害边缘产生红褐色半圆型病斑，干燥情况下，病斑受到抑制，边缘紫红色，天气潮湿时，病斑扩展至全叶，造成子叶枯死早落。真叶病斑和子叶相似，一般发生于叶片中部；叶柄和茎秆上也能产生红褐色长条形病斑，略凹陷，病部容易折断。苗期连续低温多雨，可导致病害严重发生。田间死苗高峰期常在棉苗出土后15天左右，较立枯病偏晚（棉苗出土后10天左右）。长出真叶后病苗、死苗明显减少。栽培粗放，如整地前未灌足水，墒情差，或者整地质量差，土壤板结，土块大，易跑墒等，棉苗生长不良，抗逆性差，病害发生重。种子质量和播前的选种、晒种等处理对减轻病害能起到一定的作用。

58 什么是棉苗红腐病？有什么为害特点？

棉苗红腐病在我国各棉区都有发生，但棉苗受害程度均不如立枯病和炭疽病严重，且多与其他苗期病害混合发生。棉苗红腐病主要发生在胚茎和根部，也可为害子叶和真叶。棉苗出土前受害，幼芽变褐腐烂。出土后幼茎和根部受害，先从根尖和侧根开始变黄，后扩展到全根变褐腐烂，土面以下受害的嫩茎或幼根肥肿。子叶发病多从边缘开始，初生黄褐色小斑，后扩大成不规则形或近圆形的灰红色病斑，潮湿时病斑表面常出现粉红色霉层，即病菌的分生孢子。低温时，病斑停止发展并转呈褐色，有时边缘色泽较深，质脆易碎。真叶的症状与子叶相似，顶部幼嫩的真叶及生长点受害后，往往呈黑褐色腐烂。棉苗红腐病在我国各产棉区均有发生，以辽河流域棉区发生较多。红腐病的发生与气候条件关系密切。病害发生流行的最适气温为19～24 ℃，相对湿度在80%以上，日照少，雨量大，雨日多，几个条件同时吻合，病害即可能大流行。在适宜的温度和高湿条件下，病害的潜伏期为3天左右，如遇气温和湿度不合适时，潜伏期可延长至8～10天，直至不发病。此外，病害的发生与棉苗不同生育阶段有关，即子叶展开至子叶增绿，侧根长出十余条时，根部受害最重。一般在苗龄2周时，子叶受害最重，常造成全部干枯。当真叶展开后，尤以真叶迅速生长期，抗病力显著增强，很少引起死苗。不同性质的土壤与病害的发生也有关系，盐、碱土发病重，沙壤土发病轻；低洼棉田发病重，地势高的坡地发病轻。不同前作也有关，连作棉田及前茬为豆科作物的棉田发病重，前茬禾谷类作物的发病轻。过早播种，棉苗生长不良，棉苗发病重。

59 如何防治棉苗烂根病？

一是选用良种。选择成熟度好的棉种，有利于苗全苗壮。不要使用未经杀菌消毒的种子、成熟度低的种子，受潮、霉变的种子，这些种子容易形成弱苗，引发烂籽和烂芽。二是适时播种。5 cm地温稳定在15 ℃时，抢"冷尾暖头"播种。早播引起棉苗根病的决定因素是温度，而晚播引起棉苗根病的决定因素则是湿度。三是合理施肥。近年来，棉田有机肥使用量逐渐减少，土壤板结严重，苗期遇雨苗病发生严重，因此，在施足N、P、K复合肥的同时，亩增施有机肥2～3 m³。四是药剂拌种及种衣剂处理。50%多菌灵可湿性粉剂500 g/100 kg种子、50%福美双可湿性粉剂500 g/100 kg种子、2.5%适乐时悬浮种衣剂30 mL有效成分/100 kg种子、60%敌磺纳·五氯硝基苯0.80 kg/100 kg种子、20%拌·福·吡种衣剂1 538.5 g/100 kg种子、400 g/L福美双·萎锈灵悬浮剂180 g/100 kg种子、35%的苗病宁粉剂50 g兑1 kg细土拌种10 kg。上述药剂包衣处理棉花种子对棉花的保苗效果在60%～85%，其中以2.5%适乐时和60%敌磺纳·五氯硝基苯保苗效果最好。五是喷雾防治。棉苗出土后用0.16%棉增灵（盐酸小檗碱·黄铜）800倍液、50%多菌灵可湿性粉剂800倍液、50%福美双可湿性粉剂800倍液，顺棉苗主茎喷雾，使药液顺主茎滴入土壤，3～5天1次，连续3次，防治效果为50%左右。

表1 棉花苗病防治用药一览

施药方法	药剂	用法和用量
拌种	50%多菌灵可湿性粉剂	500 g/100 kg种子
	50%福美双可湿性粉剂	500 g/100 kg种子
	60%敌磺纳·五氯硝基苯	0.80 kg/100 kg种子
	35%的苗病宁粉剂	50 g兑1 kg细土拌种10 kg
种子包衣	2.5%适乐时悬浮种衣剂	30 mL有效成分/100 kg种子
	20%拌·福·吡种衣剂	1 538.5 g/100 kg种子
	17%萎锈灵·福美双悬浮剂	909 g/100 kg种子
	400 g/L福美双·萎锈灵悬浮剂	180 g/100 kg种子
	（450 g/L克菌丹+400 g/L卫福）悬浮种衣剂	各250 mL/100 kg种子
喷施	0.16%棉增灵（盐酸小檗碱·黄铜）	800倍液，顺棉苗主茎喷雾，使药液顺主茎滴入土壤，3~5天1次，连续3次
	50%多菌灵可湿性粉剂	800倍液，顺茎喷淋，3~5天1次，连续3次
	棉萎克	1 000倍液，顺茎喷淋，3~5天1次，连续3次

60 棉花枯萎病有哪些为害特点?

棉花枯萎病原菌可在土壤中长期存活，自棉苗根部侵入，在维管束内定殖、扩展，自根部上升至茎、枝、叶、铃柄、种子等部位，可在棉株的整个生长季节为害棉花。为害症状主要包括黄色网纹型、黄化型、紫红型、青枯型和皱缩型。

棉花枯萎病于播种后1个月左右显露症状，定苗前后至现蕾期出现第1个发病高峰（6月10日左右），引起棉苗大量的萎蔫和死亡，在夏季高温季节呈现隐症现象，秋季多雨，气温下降，可出现第2个发病高峰，但较第1个发病高峰不明显，且在有的年份出现，有的年份不出现。

61 棉花黄萎病有哪些为害特点？

棉花黄萎病是棉花上防治难度最大的病害。20世纪90年代以后，在我国各棉区连续流行为害，一般病田减产15%左右。一些老病区为害严重，造成绝产，失去生产能力。棉花黄萎病菌能在棉花的整个生育期侵染为害，7月下旬形成1次发病高峰，8月底至9月初形成全年的发病高峰。常见的症状包括黄斑型（西瓜皮型）、叶枯型和落叶型。

棉花黄萎病的发生消长变化，除与病原菌的种和生理小种、土壤中病原菌的积累数量及棉花品种的抗病性有关外，同时还受气候条件的影响和制约。

62 如何防治棉花枯、黄萎病？

棉花枯萎病和黄萎病的防治应采取以种植抗病品种为主的综合防治策略。一是种植抗病品种。我国目前推广的品种大多数为抗枯萎病耐黄萎病的品种，也有部分品种为耐枯萎耐黄萎病品种。二是实行轮作倒茬。采用与小麦、玉米、水稻等作物轮作，尤以水旱轮作最好。与水稻轮作1年以上，再种棉花；或与玉米、小麦轮作2年，再种棉花。多年的实践证明，与水稻轮作3年，防病效果达99.7%～100%，但必须使用无病棉种（或用有效成分0.3%多菌灵胶悬剂药液冷浸棉籽14 h消毒处理），施用无病净土，才能确保防治效果。三是加强棉田管理。清洁棉田，减少土壤菌源，及时清沟排水，降低棉田湿度，使其不利病菌滋生和侵染。施肥原则是，增施有机肥，重施底肥，后期增施钾肥。亩施2 000～3 000 kg基肥，最好为牛羊粪肥或经过堆制腐熟的玉米秸秆，磷酸二铵15 kg，标准钾肥10～15 kg。有机肥、磷钾肥全部底施。切忌过量使用氮肥，适当增施或叶面喷洒钾肥。另外通过增温，促进棉花早发，均可起到促进棉花健壮生长，增强自身抗逆的能力，达到控害减灾的目的。四是棉田开始出现零星黄萎病病株时，可用50%棉隆可湿性粉剂140 g，混拌于以病株为中心的每平方米范围内，深40 cm的翻松土层内，然后加水15～25 kg助渗，再覆盖细土封闭，杀菌效果明显。五是叶面喷施诱导抗菌剂和叶面肥。在5月下旬开始，每7～10天喷施叶面抗病诱导剂，如威棉1号、99植保、活力素等300～500倍液，棉萎克800倍液，连续4次。在8月中旬以后，还应继续喷施叶面抗病诱导剂2～3遍，至9月10日左右，可与叶面肥如磷酸二氢钾等一同施用。

棉花枯、黄萎病重病田综合防治技术。在多年种植棉花，枯、黄萎病发病严重的棉田，必须采用综合防治技术，进行可持续有效控制。中国农业科学院棉花研究所研究建立了三联绿色防控法即"耐病品种+微生物有机肥+诱抗剂"，具体为：采用抗病性好且丰产优质的棉花品种，国审或省审棉花品种的病情指数最好在28以下。微生物有机肥，2～3 m³/亩，整地前将有机肥均匀撒至地表，然后翻地，深度30 cm为宜，1周后播种。于棉花黄萎病发生早期（6月上旬开始）采用氨基寡糖素800倍液，或棉萎克600倍液进行叶面喷施，用水量为225 L/hm^2，每7天喷施1次，共3次。该技术在新疆多年连作、黄萎病重病田实施，黄萎病防治效果达到60%以上。

表2　棉花枯、黄萎病防治用药一览

施药方法	药剂	用法和用量
种子处理	50%多菌灵可湿性粉剂	500 g/100 kg种子
	10亿枯草芽孢杆菌可湿性粉剂	1 000 g/100 kg种子
喷施	3%氨基寡糖素	800倍液，黄萎病发生前或初期喷施，7天左右1次，2~3次
	棉萎克	800倍液，黄萎病发生前或初期喷施，7天左右1次，2~3次
	天达2116	2 000倍液，黄萎病发生前或初期喷施，7天左右1次，2~3次
	50%多菌灵可湿性粉剂	800倍液，黄萎病发生前或初期喷施，7天左右1次，2~3次
	2%宁南霉素	300倍液，黄萎病发生前或初期喷施，7天左右1次，3次
灌根或滴灌	1%申嗪霉素悬浮剂（增强型）	60 mL/亩，兑水250 kg，黄萎病发生初期灌根，10天1次，2次
	2%宁南霉素	10 g/亩，黄萎病发生初期随水滴施，10天1次，3次
	10亿枯草芽孢杆菌可湿性粉剂	700 g/亩，黄萎病发生初期随水滴施，10天1次，3次
	棉萎克	150 g/亩，黄萎病发生初期随水滴施，10天1次，3次

63　**棉花烂铃病有哪几种？有哪些为害特点？**

棉花烂铃病是棉铃在适宜条件下受多种病原菌侵染的复合侵染性病害。常见的有棉铃疫病、炭疽病、红腐菌、红粉菌等。其中疫病和炭疽病的病原菌寄生性强，能够直接侵入棉铃为害，红腐菌、红粉菌等寄生性弱，需要通过伤口才能为害棉铃。寄生性强的菌类侵入棉铃形成烂铃后，弱寄生菌或腐生菌随之侵入而形成复合侵染，有时比单一病原为害更为严重。棉铃虫为害的伤口，也常引起弱寄生菌类繁衍为害，所以虫害严重时，铃病也随之严重。棉铃刚开裂时遇雨，寄生性弱的病菌也可在铃缝和铃面大量滋生为害而引起烂铃。

64　**什么是棉铃疫病？有哪些为害特点？**

棉铃疫病是铃病的一种，又称棉铃湿腐病、雨湿铃，是我国棉花铃期为害最严重的病害，占棉铃病害所致烂铃的2/3以上。棉铃受害后重的全铃变软腐烂或成为僵瓣，轻的虽还能吐絮但影响品质。防治棉铃疫病是防治烂铃的关键。棉铃疫病多为害棉株下部的大铃，越是生长茂盛或荫蔽的棉田越容易发病。发病部位多从棉铃基部萼片下面开始，其次在铃缝、铃尖或铃面其他部分。最初铃面出现淡褐、青褐至青黑色湿浸状病斑，一般不软腐，形状不规则，边缘颜色渐浅。开始发病时，病部与健部有较明显的界限，到病部扩展后，界限即模糊不清。病斑扩展很快，一般3～5天整个铃面便变成光亮的青绿或黑褐色。疫霉侵入棉铃后，很快侵染中柱、心皮及种子外皮，使这些部分变青色或青褐色。很少发现铃面变色部分在局部停止发展而形成固定的病斑。

当整个棉铃开始变成青亮黑绿时，铃面上见不到任何菌丝，这是铃疫病最引人注目的症状。几天后可在病铃表面局部产生一薄层霜霉状物，显微镜检可见疫霉菌孢子。在一般情况下，病铃大多很快在铃面上生出大量的镰刀菌或其他菌类，以至疫病的症状被掩盖，棉铃便逐渐烂掉或变成僵瓣。棉铃疫病是我国长江流域和黄河流域棉区烂铃的病害，也是烂铃病害中最普遍的一种。疫病烂铃开始发生于7月下旬或8月上旬，8月中下旬为发病盛期，在北方9月上旬以后，发病即陡降，而南方发病盛期可延长到整个9月。开始发病龄期最早是开花后的21天，比较集中于开花后30~50天。烂铃绝大部分集中于棉株下部1~5果枝内。温度在15~30℃的条件下均能发病，湿度范围也很广，56%~100%湿度下都能发病，但一般表现烂铃的发生和盛期都决定于多雨期，8月，尤其是8月中下旬的降雨最为关键。此外，低洼灌水多的地，施氮肥多，土质黏重、地膜覆盖棉田、治虫不及时的棉田等，烂铃均较重。

65 什么是棉铃黑果病？有哪些为害特点？

棉铃黑果病，是由半知菌类棉色二胞引起的一种专门针对棉铃的真菌病害，病害发作会导致棉铃僵化，直接导致棉花减产。黑果病在我国各棉区都有发生。受害的棉铃，开始时铃壳变淡褐色，全铃发软，继而产出突起小点，以后变黑色，这是着生于铃壳的分生孢子器和分生孢子。随后铃壳变僵硬，成为煤烟状黑果，病菌孢子极易散开。病铃常不脱落而僵缩于果枝上，内部纤维变成灰黑色，不能开裂。黑果病的发生因每年的气候和棉花的生长情况不同而有变化，其发生的温度范围较宽，但高温天气下更易发生，当气温达到30 ℃时，能使棉铃迅速腐烂，对湿度要求也较高。黑果病菌一般为弱寄生或腐生菌，但也能直接侵染棉铃，在棉铃有伤口的情况下最易侵害，往往受伤的棉铃在4日内完全烂掉。病菌还可侵染日光灼伤的棉铃，故一般棉株中上部的铃发病多于下部。

66 什么是棉铃红腐病？有哪些为害特点？

棉铃红腐病是一种真菌引起的棉铃病变。棉铃染病后初生无定形病斑，遇潮湿天气或连阴雨时病情扩展迅速，遍及全铃，有的波及棉纤维上，产生均匀的粉红色或浅红色霉层。雨后易粘连在一起，成为粉红色的块状物，造成病铃不能开裂，棉花纤维腐烂成僵瓣状，种子染病后，发芽率下降。我国棉区都有红腐病的发生，一般年份由该病引起的烂铃率为10%～20%，个别地区发生严重年份达95.3%。

67 什么是棉铃红粉病？有哪些为害特点？

棉铃红粉病是常见的烂铃病害，在我国各棉区都有发生，多在棉铃裂缝处产生粉红色松散的绒状霉，开始时孢子层较薄，颜色较浅，以后发展全铃壳均布满橘红色厚而坚实的孢子堆，天气潮湿时，菌丝生长，变成白色绒毛状，棉铃不能正常吐絮，棉絮呈褐色僵瓣，棉瓣干缩。红粉病多在凉爽潮湿的条件下发生，故多发生在气温较低的后期棉铃上。

68 如何防治棉花烂铃病?

（1）药剂保护。采用50%多菌灵+高脂膜、75%代森锰锌+高脂膜对铃病的防治效果分别达到57.3%和46.1%。虽然在试验中发现不少对棉铃病害病菌有防效的杀菌剂，但在实用上，仍然是一个需要继续进行探讨的问题。由于棉铃病害多发生在棉株生长较旺盛的丰产棉田，发病时期在7月底以后，这时棉田都已经封行，棉铃病害发生又主要集中在下部果枝上，而且都在多雨季节发病严重，因而用喷药的方法防止棉铃病害常遇到3个问题：一是因棉田枝叶茂密，用现有的喷雾器喷药，药液不易均匀地洒到下部棉铃上；二是喷洒到棉铃上的药液会被雨水冲刷而影响防治效果；三是这时在田间喷药易折断果枝，碰掉棉铃，造成人为的损失。目前，用化学药剂防治棉铃病害，在技术上还有待改进，国内外正在广泛地探索其他化学保护途径。（2）整枝摘叶，改善棉田通风透光条件。在生长茂盛的棉田整枝摘叶，使通风透光良好，降低湿度，对减少棉铃病害有一定的作用。（3）摘除病棉铃。在棉铃病害开始发生时，及时摘收棉株下部的病铃，在场上晒干或在室内晾干，可以减少病菌由下而上地传播和减轻受害棉铃的损失。（4）选育多抗良种，精育壮苗，增强抗病性成熟、饱满粒大的棉花种子发芽率高，生长好，产量高，质量优。棉铃病害多数以带菌种子为主要初侵染源，对于种子和土壤传播的病害，棉种药剂处理和选育抗病品种是防治病害经济、有效和安全的措施。

表3　棉花烂铃病害防治用药一览

药剂及用量	用法
70%代森锰锌200倍液	
百菌清800倍液	
250 g/L嘧菌酯悬浮剂1 000倍液或25%嘧菌酯悬浮剂700倍液	
50%烯酰吗啉可湿性粉剂1 000倍液	
40%五氯硝基苯粉剂2 000倍液	7月下旬至8月上旬喷施，7天左右1次，2~3次
52%噁酮·霜脲氰水分散粒剂50 g/亩	
70%甲基硫菌灵可湿性粉剂1 000倍液	
40%拌种双300~400倍液	
14%胶胺铜200~250倍液	
15%胺铜200~250倍液	
35%铜悬浮剂400倍液	
250 g/L嘧菌酯悬浮剂1.0 g/L+新高脂膜母液2.0 g/L	
（50%多菌灵+高脂膜）800倍液	
（75%代森锰锌+高脂膜）500倍液	

69　杀虫剂的作用方式有哪些?

　　按作用方式可分为触杀剂、胃毒剂、内吸剂、熏蒸剂、昆虫生长调节剂、拒食剂、驱避剂等。（1）触杀剂。接触到昆虫体（常指昆虫表皮）后便可起到毒杀作用的药剂。（2）胃毒剂。

只有被昆虫取食后经肠道吸收进入体内，到达靶标才可起到毒杀作用的药剂。（3）内吸剂。使用后可以被植物体（包括根、茎、叶及种、苗等）吸收，并可传导运输到其他部位组织，使害虫吸食或接触后中毒死亡的药剂，如吸食而引起中毒的，也是一种胃毒作用。（4）熏蒸剂。以气体状态通过昆虫呼吸器官进入体内而引起昆虫中毒死亡的药剂。（5）昆虫生长调节剂。不直接杀死昆虫，而是在昆虫个体发育时期阻碍或干扰昆虫正常发育，使昆虫个体生活能力降低、死亡。（6）拒食剂。可影响昆虫的味觉器官，使其厌食、拒食，最后因饥饿、失水而逐渐死亡，或因摄取营养不足而不能正常发育的药剂。（7）驱避剂。施用后可依靠其物理、化学作用（如颜色、气味等）使害虫忌避或发生转移、潜逃现象，从而达到保护寄主植物或特殊场所目的的药剂。

70 什么是害虫的绿色防控？有什么措施？

害虫绿色防控是促进农作物安全生产，减少化学农药使用量为目标，采取生态控制、生物防治、物理防治、科学用药等环境友好型措施来控制有害生物的有效行为，主要包括农业防治、生物防治、物理防治、化学防治等措施。

农业防治是改善农业生态体系，增强天敌种类和数量，恶化害虫生活和生存条件，增强生态防御体系的重要措施。包括棉花播种前应铲除田边杂草；棉花与小麦、玉米邻作，不与瓜类、豆类和果园邻作等措施；棉田间作玉米，或棉田邻近林带种植苜蓿；适时定苗、中耕除草、整枝打杈、剔除虫株、消灭害虫卵和幼虫；秋耕冬灌是控制害虫越冬率的有效手段，虫蛹死亡率上升，越冬基数显著降低。棉花与其他作物轮作，可改变害虫适宜的食物结构和生活条件，抑制害虫滋生。种植转 *Bt* 基因棉花，可有效防治棉铃虫等重要害虫。

生物防治是对天敌的保护、增殖和利用。棉花与玉米、小麦、油菜、高粱等邻作，或在棉田内、田边、沟旁点种玉米、高粱等诱集作物，为天敌提供适宜栖息和繁殖场所，增加天敌的种类和数量。也可利用微生物杀虫剂防治害虫、利用性诱剂诱捕成虫等。

物理防治包括采用棉田安装黑光灯、高压汞灯诱杀棉铃虫等害虫成虫。苗期在棉田周围放糖浆瓶，可诱杀地老虎成虫。棉田周围和中间渠埂放置黄色胶板诱捕蚜虫和烟粉虱等。

化学防治是利用化学药剂防治害虫的一种防治技术。使用方法简便，效率高，见效快，可以用于各种害虫的防治，特别是害虫大发生时，能及时控制为害。但害虫产生抗药性、害虫再猖獗，杀伤天敌，残留污染环境，破坏生态环境。可依据测报和防治指标，选择合适化学农药对害虫进行化学防治。

71 棉铃虫有什么特点？如何防治？

棉铃虫（*Helicoverpa armigera* Hubner）属鳞翅目，夜蛾科。幼虫取食嫩叶成缺刻或空洞；为害棉蕾后苞叶张开变黄，蕾下部有蛀孔，蕾外有粒状粪便，蕾苞叶张开变为黄褐色，2～3天后脱落。青铃受害时，铃的基部有蛀孔，近圆形，粪便堆积在蛀孔之外，赤褐色，铃内被食去一室或多室的棉籽和纤维，未吃的纤维和种子呈水渍状，成烂铃。

棉铃虫成虫雌蛾前翅赤褐色，雄蛾灰绿色，后翅灰白色，沿外缘有暗褐色宽带，其上有2个白色斑纹。卵半球形，初产的卵一般为乳白色，翌日为米黄色，卵中部出现紫色环带，孵化当日为灰黑色，顶部有一黑点。幼虫体色变化很大，由淡绿、淡红至黑褐色，头部黄褐色，背线、亚背线和气门上线呈黑色纵纹，气门线白色，体表布满小刺。蛹黄褐色，腹部第5~7节的背面和腹面密布半圆形刻点，臀棘钩刺2根。

棉铃虫一年发生3~4代，以蛹在土中越冬。翌年4月上、中旬始见成虫。成虫第1代出现在6月中下旬，第2代在7月中下旬，第3代在8月中下旬至9月上旬，10月上旬也会有棉铃虫出现。棉铃虫成虫羽化后即可交配产卵，卵散产，一头雌蛾一生可产卵500~1 000粒。第1代主要在麦田、瓜菜田为害，也有一部分进入棉田为害棉叶，第2~3代棉铃虫主要为害棉花的蕾、花、铃，第4代主要为害复播玉米。

棉铃虫的防治方法主要有：（1）农业防治。①秋耕冬灌，压低越冬虫源基数；②春季瓜田菜收获后及时翻地，压低1代虫源；③在棉花播种的同时，在地头、地边种植诱集带；④加强田间管理，控制灌水量和氮肥使用量；⑤种植通过审定的转基因棉花品种。（2）物理防治。采用频振灯诱杀越冬代和第2代成虫，在田外消灭棉铃虫。（3）化学防治。当棉田棉铃虫1代5头/百株，棉铃虫2、3代15~20头/百株，棉铃虫3代20~25头/百株时，达到防治指标，进行挑治，严禁盲目全田施药，并注意多用药剂交替使用或混合使用，避免或延缓棉铃虫抗药性的产生。防治药剂主要是*Bt*乳剂（100亿活性孢子/mm）200~300倍液，或棉铃虫核型多角体病毒悬浮剂（20亿个多角体病毒/mL）1 000倍液，或1.8%阿维菌素乳油300倍液，或1.8%甲维盐乳油200倍液，或10%吡虫啉可湿性粉剂1 500倍液，或5%抑太保乳油2 000倍液，或25%灭幼脲悬浮剂2 000倍液等。此外，加强农业防治措施，压低虫源基数，做好诱蛾工作，在田外消灭棉铃虫。

72　棉蚜有什么特点？如何防治？

棉蚜（*Aphis gossypii* Glover）属同翅目，蚜科。以刺吸式口器刺入棉叶背面或嫩头，吸食汁液，分泌唾液，刺激棉叶畸形生长，受害叶片向背面卷曲，分泌蜜露，诱致病菌的寄生，污染棉叶和棉絮，影响光合作用，降低棉花品质。

无翅胎生雌蚜有黄、青、深绿、暗绿等颜色，触角约为体长的50%，腹管黑青色，尾片青色。有翅胎生蚜有黄、淡绿或深绿，触角比身体短。卵初产时橙黄色，6天后变为漆黑色，有光泽。

棉蚜1年发生20～30代，棉蚜可在室内、冬季冷藏窖花卉或室外越冬。早春卵孵化后先在越冬寄主上生活繁殖几代，到棉田出苗阶段产生有翅胎生雌蚜，迁飞到棉苗上为害和繁殖。晚秋气温降低，棉蚜从棉花迁飞到越冬寄主上，产生雌、雄性蚜，交尾后产卵过冬。

棉蚜在棉田的为害有苗蚜和伏蚜两个阶段。苗蚜发生在出苗到现蕾前，适宜偏低的温度，气温超过27 ℃时繁殖受到抑制，虫口迅速下降。伏蚜主要发生在6月下旬至8月，适宜偏高的温度，在27～28 ℃下大量繁殖，当平均气温高于30 ℃时虫口才迅速减退。苗蚜10多天繁殖1代，伏蚜4～5天就繁殖1代。每头成蚜有10多天繁殖期，共产60～70头仔蚜。

棉蚜的防治方法主要有：（1）农业防治。合理作物布局，棉田周围种植诱集作物，田间定苗、间苗，除草时注意调查，及时将棉蚜消灭在点片发生阶段。（2）消灭越冬虫源。①药剂处理室内花卉，秋末、早春挖穴施药；②药剂处理越冬寄主，在早春蚜后，有翅蚜迁飞前，及时喷药防治；③在棉蚜向棉田迁飞前，在虫源地摆黄板诱蚜。（3）化学防治。①种子处理防治棉蚜，用种衣剂包衣或用10%吡虫啉可湿性粉剂按种子量的0.5%～0.8%拌种；②棉蚜在棉田扩散为害面积较大，天敌又不能控制时，用10%吡虫啉可湿性粉剂10～20 g/亩，或10%啶虫脒可湿性粉剂2～3 g/亩进行点片挑治，严禁大面积全田施药，避免长期单一用药。（4）生物防治。保护利用天敌，将天敌与棉蚜的益害比以1∶200作为量化指标。

73 棉黑蚜和棉长管蚜有什么特点？如何防治？

棉黑蚜（*Aphis atrata* Zhang）属同翅目，蚜科。群集于棉苗嫩头、子叶、真叶反面，吸食汁液，幼叶皱缩，生长点萎缩脱落，棉株矮化畸形，生长停滞15天以上，花蕾减少，产量下降。无翅孤雌蚜黑褐色，略被薄蜡粉，稍具光泽，头部黑色，前胸部具背中横带，缘斑与中胸中侧斑断续，腹部1～6节背板，各斑相合成一大黑斑，缘瘤位于前胸及腹部第1、7节背板。有翅孤雌蚜头胸黑色，腹部背面具黑色斑纹。棉黑蚜以受精卵在苦豆或苜蓿嫩茎及根茎部越冬，翌年春天温度上升至10℃以上时，越冬卵孵化为干母，进行孤雌生殖，经繁殖2～3代后，在4月下旬至5月上旬产生有翅蚜，迁到棉苗上为害，5月下旬至6月下旬进入为害盛期。进入高温季节数量下降，部分在苜蓿上越夏，晚秋在苜蓿上产生雌蚜和雄蚜，交配后产卵越冬。

棉长管蚜（*Acyrthosiphom gossypii* Mordviiko）属同翅目，

蚜科。以刺吸式口器刺入棉叶背面、叶柄、茎秆、嫩头等吸食汁液。苗期受害，开花结铃期推迟；成株期受害，上部叶片卷缩，中部叶片出现油光，下部叶片枯黄脱落，叶表有蚜虫排泄的蜜露，易诱发霉菌滋生。无翅胎生雌蚜草绿色，被蜡粉，头部额瘤外斜，触角稍长于体长，腹部背面几乎没有斑纹，腹管很长，可达体长一半或1/3。有翅胎生雌蚜草绿色或淡黄绿色，额瘤显著，外倾触角比身体长。春天当气温回升至10 ℃时越冬卵开始孵化，在越冬寄主上胎生繁殖数代后，产生有翅蚜，向侨居寄主迁飞，5—6月飞入棉田为害，7月上中旬是为害盛期，8月中旬后种群数量下降。棉长管蚜足长，善爬行，不群集，有假死性。

棉黑蚜和棉长管蚜的防治可参考棉蚜防治。

74 棉叶螨有什么特点？如何防治？

棉叶螨，俗名红蜘蛛，属蛛形纲，叶螨科，主要种类有土耳其斯坦叶螨（*Tetranychus turkestani* Ugarov et Nikolski）、朱砂叶螨（*Tetranychus cinnatarinus* Boisduval）、截形叶螨（*Tetranychus truncatus* Ehara）。以刺吸式口器在棉叶背面吸食汁液，当一片棉叶背面有1~2头叶螨为害时，叶片正面即显出黄、白斑点；有4~5头叶螨为害时，棉叶即出现小红点；叶螨越多，红斑越大。随虫口增多，红叶面积逐渐扩大，直至全叶焦枯脱落，严重的全株叶片脱落。

雌螨椭圆形，呈黄绿色、黄褐色、浅黄色或墨绿色（越冬雌螨为橘红色），身体两侧有不规则黑斑；雄螨浅黄色，菱形。卵圆形，初产时透明如珍珠，近孵化时为淡黄色。幼螨有3对足，近圆形。若螨椭圆形，有4对足，体浅黄色或灰白色，行动迅速。

棉叶螨1年可发生10～20代。以雌成螨在冬绿肥、地边杂草、土缝内、枯枝落叶下越冬。当气温升高到8 ℃时，越冬螨开始出蛰活动，以越冬寄主嫩芽为食。当气温升高到12 ℃以上，开始产卵，在4月上中旬可在杂草上见到第1代卵。当棉苗出土后，棉叶螨向棉田迁移取食为害。5月上中旬开始点片出现，到5月下旬或6月初，棉叶螨快速繁殖，可集中为害，棉叶上出现红斑。与6月下旬、7月初便出现第1个高峰期，7月中下旬又出现第2个高峰，以此循环往复为害，可对棉田造成严重损失。

棉叶螨的防治方法主要有：（1）农业防治。秋耕冬灌，减少越冬基数；轮作倒茬，合理布局；清洁田园，及时清除田间、地边的杂草；合理使用氮、磷、钾肥，叶面施肥，增强棉株抗性。（2）化学防治。①种子处理：可参考棉蚜的防治；②在早春及时调查杂草上叶螨的发生情况，视虫情喷洒杀螨剂；③及时调查螨情，开展早期点片防治，将叶螨防治在初期，控制住点片；④在发生高峰期之前进行全田喷药，如用1.8%阿维菌素乳油1 500～2 000倍液，或20%哒螨灵乳油1 500～2 000倍液，或57%炔螨特乳油1 500～2 000倍液喷雾。

75 棉蓟马有什么特点？如何防治？

棉蓟马（*Thrips flavus* Schrank），又名黄蓟马，属缨翅目，蓟马科。以锉吸式口器为害棉花子叶、真叶和生长点等部位，子叶期破坏生长点造成"无头棉"，1～2片真叶时破坏生长点造成"多头棉"，子叶和真叶被害，叶背形成银灰色的斑块。

成虫淡褐色，触角末节很小，复眼紫红色，前后翅后缘的缨毛均细长色淡。卵黄绿色，肾形。若虫淡黄色，翅芽不明显。蛹形似若虫，触角披在头上，翅芽明显。

棉蓟马1年发生6～10代，以若虫、成虫潜伏在土缝、土块、枯枝落叶及未收获的植物叶鞘内越冬，或以蛹在土内越冬。越冬成虫4月上旬复苏，4月中旬迁飞、活动，在杂草上繁殖，4月底至5月上旬迁飞到棉田为害，5月中旬至6月中旬为害最重。雌成虫有孤雌生殖能力，卵散产于植物叶肉组织内。

棉蓟马的防治方法主要有：（1）农业防治。秋耕冬灌，冬春清除田内及四周杂草。（2）种子处理。可参考棉蚜防治的种子处理方法。（3）化学防治。棉田4月下旬至5月上旬，3～5头/百株，一般棉苗出齐后应立即防治。喷洒10%吡虫啉可湿性粉剂1 500倍液，或5%啶虫脒微乳剂1 000倍液，或20%吡虫啉可溶性液剂200倍液，或4%阿维·啶虫脒乳油1 500倍液，或70%吡虫啉水分散粒剂5 000倍液，或20%丁硫克百威乳油1 500倍液，或25%阿克泰水分散粒剂。

76　棉盲蝽有什么特点？如何防治？

棉盲蝽主要有牧草盲蝽（*Lygus pratensis*）和苜蓿盲蝽（*Adelphocoris lineolatus*），属半翅目，盲蝽科。棉盲蝽对棉花的为害时期很长，从棉花苗期一直到吐絮期，以花铃期为害最为严重。棉盲蝽以成虫、若虫为害棉花叶片、生长点、花、蕾、铃等，通过刺吸式口器刺入棉株吸取汁液为害，造成棉花组织坏死、蕾铃大量脱落、植株破头疯（多头棉）、破叶疯、枝叶丛生等。子叶期，生长点被害则变黑干枯，停止生长；真叶期，顶芽受害枯死，不定芽丛生，变为"多头棉"；嫩叶被害后呈现小黑点，叶片展开后大量破碎，形成"破叶疯"；顶心和边心被害，形成枝叶丛生的"扫帚苗"；幼蕾受害后往往苞叶张开，先呈黄褐色，继而干枯脱落，易形成空枝；幼铃被害后，轻则伤口呈现水渍状斑点，重则棉铃僵化脱落。

牧草盲蝽成虫绿色或黄绿色，复眼褐色；触角短于体长，前胸背板的前缘有2个或4个黑色的纵纹，后缘有黑色的横纹；小盾片黄色部分呈心脏形。若虫黄绿色，触角比身体短；前胸背板中间两侧和小盾片中部两侧各具黑色圆点1个；腹部背面第3腹节后缘有1黑色圆形臭腺开口，构成体背5个黑色圆点。牧草盲蝽1年可发生4代，以成虫在杂草、枯枝落叶、树皮缝中、土石块下越冬。3月中下旬出蛰活动，5月中、下旬出现1代成、若虫，主要为害苜蓿，并开始少量向生长旺盛的棉田转移；2代发生高峰期在6月中下旬至7月上旬，此时棉花进入现蕾期至开花期，是造成棉花产量损失的重要时期；3代发生在8月上中旬，主要为害棉株中上部幼蕾，8月中下旬迁飞到棉田外；4代若、成虫发生在9月中下旬，在苜蓿、油菜、杂草、枯枝落叶及土缝内越冬。

苜蓿盲蝽成虫黄褐色，被细绒毛；头小，三角形，端部略突出；眼黑色，长圆形；触角丝状，比身体略长；前胸背板绿色，前方有两个明显的黑斑；小盾片三角形，黄色，沿中线两侧各有纵行黑纹1条，基于前端并向左右延伸。若虫深绿色，遍布黑色刚毛，刚毛着生于黑色毛基片上；头三角形，触角褐色，比身体长。苜蓿盲蝽1年3代，以卵在苜蓿、棉秆、草枯茎组织内滞育越冬。越冬卵4月上旬孵出第1代若虫，成虫于5月上旬开始羽化；第2代若虫6月上旬出现，第3代若虫7月下旬孵出，第3代成虫8月中、下旬羽化，9月中旬成虫在越冬寄主上产卵越冬。

棉盲蝽的防治方法主要有：（1）农业防治。清洁田园，破坏越冬场所；作物合理布局，避免交叉为害；创造不利于棉盲蝽活动的环境条件。（2）物理防治。利用棉盲蝽的趋光性，进行灯光诱杀。（3）化学防治。当苗期棉盲蝽5～7头/百株，蕾期虫量8～10头/百株，铃期虫量20～30头/百株时，可适量施用农药。可选用350 g/L吡虫啉悬浮剂4 000～5 000倍液，或70%吡虫啉水分散粒剂12 000～15 000倍液，或10%啶虫脒微乳剂1 500～2 000倍液，或1.8%阿维菌素乳油2 500～3 000倍液，或480 g/L毒死蜱乳油1 200～1 500倍液等，进行大面积的统防统治。

77 烟粉虱有什么特点？如何防治？

烟粉虱（*Bemisia tabaci* Gennadius）属同翅目，粉虱科。以成、若虫群集棉花叶片背面刺吸汁液，叶片正面出现褐色斑，虫口密度高时有成片黄斑出现，导致植株衰弱，严重时导致棉铃脱落；若虫和成虫还可分泌蜜露，诱发煤污病，密度高时，叶片呈现黑色，严重影响光合作用，导致植物营养不良。

烟粉虱虫体淡黄白色到白色，复眼红色，肾形；翅白色无斑点，被有蜡粉；前翅有两条翅脉，第1条脉不分叉，停息时左右翅合拢呈屋脊状。卵椭圆形，有小柄，卵柄通过产卵器插入叶内，卵初产时淡黄绿色，孵化前颜色加深，呈琥珀色至深褐色，但不变黑；卵散产，分布不规则。1龄若虫有触角和足，能爬行，腹末端有1对明显的刚毛；2龄和3龄若虫的足和触角退化至仅1节，体缘分泌蜡质，固着为害。蛹淡绿色或黄色，蛹壳边缘扁薄或自然下陷，无周缘蜡丝；胸气门和尾气门外常有蜡缘饰，在胸气门处呈左右对称。

烟粉虱在温室内越冬繁殖为害，翌年5月，烟粉虱开始零星扩散到棉田中。6月下旬温室和大棚揭膜后，大量烟粉虱扩散到棉田。在棉田于8月上旬形成第1个成虫高峰，9月下旬仍然维持在较高的水平；到9月中旬昼夜温差大，造成成虫虫口密度急剧下降，成虫大量死亡。

烟粉虱的防治方法主要有：（1）农业防治。棉田远离温室，作物合理布局。（2）物理防治。田间设置黄板诱杀成虫。（3）化学防治。成虫发生期，可选用70%吡虫啉7 000倍液，或10%烯啶虫胺1 200倍液，或1.8%阿维菌素1 000倍液，或3%啶虫脒800倍液，喷叶片背面，连续防治2~3次。若虫发生期，可选用25%噻嗪酮可湿性粉剂1 000倍液喷雾。

78 什么是禾本科杂草？阔叶杂草？莎草科杂草？

禾本科杂草为单子叶草本植物，叶片狭长，长宽比例大，平行叶脉，叶鞘包围茎秆，茎圆或略扁，茎秆有明显节和节间的区别；常于基部分枝；根为须根，无明显主根。新疆棉田常见禾本科杂草有稗草、芦苇、狗尾草、画眉草等。

阔叶杂草包括全部双子叶杂草和部分单子叶杂草。多数阔叶杂草叶片比较宽阔，长宽比例较小，但也有些阔叶杂草叶片并不宽阔，如藜科的猪毛菜、碱蓬等。新疆棉田常见阔叶杂草有灰绿藜、藜、小藜、反枝苋、马齿苋、田旋花、龙葵、乳苣、刺儿菜、戟叶鹅绒藤等。

莎草科杂草为单子叶草本植物，多数为多年生杂草，营养繁殖器官多为根茎，少数为块茎或球茎。叶片狭长，长宽比例大，平行叶脉；叶鞘闭合；茎三棱形或扁三棱形，个别为圆柱形。新疆棉田常见莎草科杂草有扁秆藨草等。

79 什么是一年生杂草？二年生杂草？多年生杂草？

一年生杂草以种子进行繁殖，从种子发芽、生长，到开花、结籽，在一年内完成其生活史。新疆棉田常见一年生杂草有稗草、狗尾草、画眉草、灰绿藜、藜、小藜、反枝苋、马齿苋等。

二年生杂草也称越年生杂草，生活史在跨年度中完成，第1年秋季杂草萌发生长产生莲座叶丛，耐寒能力强，翌年抽茎、开花、结籽、死亡。新疆棉田可见的越年生杂草有荠菜、播娘蒿等。

多年生杂草寿命在两年以上，主要通过地下根茎繁殖，也可以通过种子繁殖。新疆棉田常见多年生杂草有芦苇、田旋花、乳苣、刺儿菜、戟叶鹅绒藤等。

80 杂草的农业防治措施有哪些？

（1）秋翻除草。秋翻可防除一年生杂草和多年生杂草。在草荒严重的农田和荒地，在棉花收获后进行翻耕约20 cm，改变杂草的生态环境，将一年生杂草种子由土壤表层翻至土壤深层，减少杂草萌发危害。在棉田发生的马唐、牛筋草、马齿苋、蒺藜、反枝苋、灰绿藜、狗尾草等的种子集中在0～3 cm土层中，只要温湿度合适，就可出土为害，一旦深翻被埋至土壤深层，出苗率将明显降低，从而降低为害。同时，通过深翻，可破坏刺儿菜、芦苇、田旋花、扁秆藨草等多年生杂草地下繁殖器官，或翻至地表，经过风吹日晒，失去水分严重干枯，经冷冻、动物取食等而丧失活力，再加上耙耱、人工捡拾等可使杂草大量减少，发生量明显降低，有效防治多年生杂草。（2）地膜覆盖除草。地膜覆盖在增温保墒、培育壮苗的同时可以有效阻止杂草生长，尤其是可杀死多数阔叶杂草。地膜覆盖时，应保证膜的完整性，若机械或人为外力损坏地膜，应及时用土封洞，以防影响除草效果。除草膜的推广和应用更加充分地体现了农膜的除草作用。

（3）清除杂草来源。田边、路旁、田埂、井台及渠道内外的杂草都是棉田杂草的重要来源，它们的种子可通过风力、流水、人畜活动等带入田间，或通过地下根茎的蔓延向田间扩散，故必须认真清除棉田四周的杂草，特别是在杂草种子尚未成熟之前可结合耕地、人工拔除等措施，或者喷施灭生性除草剂，及时清除杂草，防止其扩散。同时，清除田间地头的杂草，可减少越冬虫源或害虫的桥梁寄主，有效防止病虫害的扩散蔓延。

81 杂草的生态防治措施有哪些?

通过科学的轮作倒茬，使原来生长良好的优势杂草种群处于不利的环境条件下而减少或灭绝。目前玉米田已有多种除草剂可防除多种阔叶杂草和莎草，若棉花与玉米轮作，在玉米田有效地控制住多年生阔叶杂草以后再种棉花，就会显著减轻棉田草害防除的压力。

82 杂草的物理防治措施有哪些?

（1）中耕除草。中耕除草是传统的棉田除草方法，生长在作物田间的杂草通过机械中耕可及时去除。中耕除草针对性强、干净彻底、技术简单，不但可以防除杂草，而且为棉花提供了良好的生长条件。中耕适期是草越小越好，棉花头水后在宜墒期及时中耕，中耕次数一般以2~3次为宜。棉花现行后应及时机械中耕松土，中耕1次，深度15 cm左右。棉花蕾期，壤土和黏土有机棉田，蕾期中耕1次，深度15 cm左右；沙壤土有机棉田可中耕1次或不中耕。（2）人工除草。在劳动力较充裕时，可结合田间作业如放苗、定苗等拔除膜上和行间杂草，并及时用土封洞，充分发挥地膜覆盖的灭草效果。特别是在中耕除草后或使用灭生性除草剂后，对靠近棉株的杂草更需要人工拔除。在棉田灌2水后，机械中耕无法进行，掌握适墒期，采取人工辅助拔除杂草也是防除杂草的有效措施。大多数一年生杂草能产生数量巨大的种子，入秋后在杂草种子成熟前人工拔除田间草龄较大的杂草，并带离棉田，避免成熟杂草种子落入田间，增加土壤中杂草种子库，加重来年杂草防除难度。

83　棉田封闭处理技术要点是什么？

由于地膜覆盖棉田杂草出苗快、时间短、出苗数量集中，这种出苗规律有利于覆膜前1次施药即可获得理想的除草效果。若不施药防治，杂草往往还能顶破地膜旺盛生长，危害更大。因此，地膜覆盖栽培必须与化学除草相结合。

在棉花播种前，选择土壤处理除草剂品种，按照防除对象及使用要点进行机械喷施。目前，新疆棉田常用的土壤处理除草剂仅能防除一年生杂草，对多年生杂草防效差，因此，一年生杂草发生较重的棉田，应更加重视播前土壤封闭处理。同时，施用除草剂时一定要严格按操作程序和施用剂量使用，不可随意加大用量，以免造成药害，影响棉花出苗。

值得注意的是，目前新疆棉农尝试性地在棉花苗期采用土壤处理除草剂随水滴灌的方式进行杂草防除，即在棉花灌头水时，将药液加适量水稀释，然后将药瓶置于引渠进水口，调好滴漏速度，让药液随水流入棉田；或者将除草剂加入施肥罐中随水肥一起滴灌入棉田。无论采取哪种随水滴灌的方式，常因不能很好掌握药量，或滴水不均匀，或遇低温、降雨等恶劣天气，导致除草剂药害发生或未能充分发挥除草剂药效的问题，因此，土壤处理除草剂随水滴施的方式应谨慎使用。

84 棉田茎叶处理技术要点是什么？

对于播种前未能及时封闭除草的田块，在杂草基本出齐，且仍处于幼苗期时定向喷施除草剂，可根据杂草发生种类、草龄及棉花生育期，选择使用茎叶处理除草剂。

对于棉田恶性杂草芦苇、田旋花、扁秆藨草等，可选用草甘膦或草铵膦等灭生性除草剂进行涂抹杂草的绿色部分，草甘膦和草铵膦的内吸传导性强，对多年生宿根性杂草地下茎的破坏力很强，可达到明显的防除效果。

85 影响除草剂药效或造成药害的因素有哪些？

药剂原因：（1）除草剂种类选择不当。各种除草剂都有相应的杀草谱和适用环境，不根据杂草种类及农田的具体情况选择除草剂，会使所选用的除草剂品种无能为力或无法发挥其除草能力。（2）除草剂质量不合格。各种除草剂都有相应的质量标准，其中最主要的是有效成分含量、杂质种类及其含量、分散性、乳化性、稳定性等都直接影响到药效和药害问题。由于农药质量问题而造成的药效和药害问题，生产者和经营者都有责任。

施药技术：（1）应用剂量问题。造成用药量不对的原因有几方面：一是农民的主观行为，总是怀疑用药量低了除草效果不好，将用药量增加至极限以上，一旦环境条件有利于药效发挥，出现药害是不可避免的；二是农民耕地面积不准，导致额定用药量与实际耕地面积不符；三是喷洒不均匀，重喷药量高，漏喷药量低，特别是用多喷嘴喷雾器时，各个喷头的喷液量不同直接导致喷洒不均匀。（2）用药时期不当。茎叶处理剂在杂草出苗后越早用药效果越好，土壤处理剂在杂草出苗前用药越晚效果越好，但作物出现药害的可能性也越大。（3）用药方法错误。不同类型的除草剂杀草原理存在较大差异，若将土壤处理剂作为茎叶处理除草剂使用，多数会产生药害，少数会效果不佳；若用茎叶处理除草剂进行土壤封闭处理，多数会无效，而出现药害的可能性很小。（4）混用不合理。将两种或多种除草剂混用，最主要的目的在于扩大杀草谱和提高药效，但混用如果产生拮抗作用，药效就会降低，甚至混配组合中的某个有效成分一点药效都没有。（5）稀释药剂的水量和水质问题。土壤处理时兑水量对除草效果影响不大，而茎叶处理剂兑水量太大除草效果降低，原因是助剂的浓度降低，如草甘膦兑水量大时药效降低。另外水的质量对除草剂药效发挥也有影响，碱性水、浑水、高硬度水都会降低某些除草剂的药效，如碱性水会降低绝大多数茎叶处理剂的药效，浑水、硬水会降低草甘膦的药效等。

环境因素：除草剂药效的发挥受环境条件的影响较大，若土壤有机质含量低于2%的沙质土壤，封闭处理易出现药害，高于5%药效很低；封闭处理剂用药后降大雨出现药害的可能性大，而茎叶处理后遇降雨则需重喷；持续低温将降低除草剂的除草效果，同时出现药害的可能性也增大；土壤干旱时，封闭处理剂药效降低，甚至无效；3级以上有风天施药，无法保证喷施均匀，药效降低，甚至出现飘逸药害；整地质量不好封闭处理效果不佳。

86　除草剂药害如何预防与补救？

针对上述药害产生的原因，为了有效避免药害的产生，应做到：（1）正确选用除草剂。棉田化学除草，必须根据棉花的种植方式、生育期、棉株长势、杂草的种类和大小，以及气候、土壤条件等正确选择除草剂。例如，在棉花出苗后，应使用选择性较强、对棉花较为安全的除草剂；在沙土地区、雨水较多的情况下，不宜使用淋溶性较好、棉花较敏感的除草剂。同时，应选择质量可靠的除草剂。（2）正确使用除草剂。多数除草剂对使用条件和操作技术都有严格的要求，包括用药量、稀释倍数、施药器械等。例如，粉剂类型的除草剂在稀释时应采取2次稀释法，即先用少量水调成糊状，然后再加足量水搅拌均匀；在棉花苗后喷施广谱灭生性的除草剂时，应安装保护罩，并采取低位喷雾；在异常天气条件下避免施用除草剂。

除草剂药害一旦发生，对药害的救治关键在于早发现、早处置。首先要确认是否是除草剂造成的药害，在确认为除草剂药害后，应由除草剂直接使用者详细提供施药时间、施药种类、施药剂量、施药方法和施药时的环境条件等，根据所收集到的资料，整理分析发生药害的原因，及时有针对性地采取补救措施，以最大限度地减少损失。一般情况下，如果作物的药害发生十分严重，估计最终产量损失60%以上，甚至绝产的地块，应立即改种其他适当的作物，以免延误农时、导致更大的损失；而对于药害较轻的地块，则可有针对性地采取补救措施。从新疆棉田常见除草剂药害的发生情况来看，比较有效的有以下措施。但是这些事后补救措施只是能在一定程度上缓解症状、减少损失，很难恢复到受害以前的作物生长状态和最终产量。（1）激素类除草剂对棉花造成的药害，如二甲四氯钠、2，4-D丁酯等，可喷施赤霉素或撒石灰、草木灰、活性炭等进行缓解。（2）触杀型除草剂对棉花造成的药害，如草甘膦等，药害初期，可施速效肥料使棉花迅速得到所需的营养，促进新的叶片及蕾、花铃的生长，增加单株结铃和单铃重，将药害所造成的损失降至最低。（3）土壤封闭处理引起的药害，药害发生初期可立即排换田水，以后采用间歇排灌等措施，可缓解或减轻药害。另外，施用适当的解毒剂，一定程度上可以控制药害的发展、降低产量损失，如吲哚乙酸和激动素可减轻氟乐灵对棉花次生根的抑制作用。一般在棉花发生药害后，应适当喷施植物生长促进剂或叶面肥，同时做好中耕松土、病虫防治等工作，充分利用棉花较强的自我调节和补偿能力，使棉花尽快恢复生长。

第五章

新疆棉花自然灾害及其预防

87 棉花霜冻

霜冻是指地面最低温度<0 ℃，植株体温降到0 ℃以下，对棉花组织器官或植株的危害。霜冻是新疆常见的气象灾害，也是北疆棉花的主要灾害。霜冻有春、秋霜冻之分。春霜冻指春季升温不稳定、由于短暂的零度以下低温造成棉苗受伤或死亡的现象称为棉花春霜冻，常常在棉花出苗以后出现霜冻天气，造成棉花苗受伤或死亡，春霜冻称为晚霜冻或终霜冻。秋霜冻指秋季由于暂时零度以下低温造成棉花受伤或死亡的现象，也称为棉花初霜冻或早霜冻。秋霜冻往往是造成棉花停止生长的因素。霜冻危害程度有轻重之分，一般分为轻度霜冻、中度霜冻及重度霜冻3种类型。根据霜冻危害程度，采取不同的灾后管理对策。

（1）危害症状。春霜冻会造成棉花烂种、烂根、死苗、发育滞缓等，最终造成缺苗、断垄、晚发，影响产量品质。秋霜冻出现早的年份往往有大量棉桃还没吐絮，形成大量霜后花，使棉花产量和品质都受到极大影响。棉花的抗冻能力随叶龄增加而减弱。

（2）防治方法。对于春霜冻：①要根据中长期天气预报，确定好适宜播期，防止过早播种，争取在霜后出苗。一般南疆4月10日以后播种的棉花往往可以避开霜冻危害。②采用地膜覆盖点播技术，可有效预防霜冻。③霜冻发生后要及时放苗封洞，及时解放顶膜的棉苗，同时可以通过烟熏的方法提高棉苗抗冻能力。应用柴草熏烟防霜有悠久历史。甘肃省庆阳试制成功CHN化学发烟剂，经过多年的实践，取得了较好的效果。④科学判断，及时补种，加强受冻棉花管理，不宜轻易重播。

对于秋霜冻：①根据天气预报，调整安排棉花生产，争取初霜冻前棉花成熟。②用整枝、去叶、打顶等方法促早熟。

88 棉花倒春寒

4—5月是新疆棉花播种至出苗的关键季节，此时冷空气活动频繁，时常出现倒春寒天气，致使棉苗受冻死亡，造成严重灾害，导致重播，使棉花产量下降、品质降低，造成较大的经济损失。

（1）症状表现。极易引发苗病，造成棉花苗期病害突出，尤其是苗期根病发病率高；引起棉花烂种烂芽，缺苗断垄；引起发育迟缓，僵苗不发，叶片萎蔫。

（2）防治方法。①根据气象预报确定棉花播种期，使棉花在霜前播种霜后出苗，避开霜冻危害。②棉花烂种烂芽现象易在低温高湿环境下发生，掌握适宜墒度，抢墒播种是防止烂种的关键，使用适宜的种衣剂拌种包衣也是保证一播全苗的重要措施。③春寒来临前可燃放烟雾，顺风燃放使烟雾能覆盖棉田，起到有效增温作用（一般可以增温2~3 ℃）。

89 棉花低温冷害（苗期）

低温冷害是新疆棉花苗期主要灾害。低温冷害指当气温降到棉花对应生长阶段所需最低温度临界值以下，遭受0 ℃以上低温的危害，且达到一定时间时，冷害有障碍型和延迟型之分。不同苗龄不同生长阶段棉花抵御最低温度的临界值不同，抵御的时间也不同，子叶期临界低温2.5 ℃、花芽分化期18~19 ℃。低温冷害在新疆各植棉区均有发生，发生频率高、持续时间长，一般在

4—5月发生，9月会有霜冻发生。影响棉花春季冷害的气象因子主要是低温强度和持续时间。在新疆低温常伴有浮尘天气，造成光照不足，使冷害加重。

症状表现：发育延迟、烂芽、烂根、烂种、僵苗不发（小老苗）、器官分化抑制、叶片和生长点呈水渍状青枯、子叶叶面出现乳白色斑块、甚至死苗等症状。

防治方法：烟熏、冷害后及时中耕、喷施叶面肥和生长调节剂（如赤霉素）等。

90 棉花高温热害（苗期）

症状表现：棉苗热害是覆膜棉田特有的气象灾害。由于膜内高温造成棉苗受害或死亡的现象称为棉苗热害。棉苗受热害时，如同蔬菜放在开水锅中一样，迅速变为水渍状死亡。

发生原因：热害主要发生在地膜棉及双膜覆盖的棉田。地膜棉主要是一些棉苗压在膜下，不能及时解放出来，常造成热害。目前，新疆一些棉区采用双膜覆盖的棉田，揭膜时间稍晚，导致热害。

预防措施：播种时调整好播种机械，控制好播种机行走速度，平整好土地，减少种子错位的概率，同时棉花出苗时，要及时查苗解放棉苗。对于采用双膜覆盖的棉田，棉花出苗时要适时揭膜。

91 棉花夏季高温危害

棉花适宜生长的温度是20～30 ℃，气温超过35 ℃对棉花不利。新疆不少地区夏季常常超过35 ℃，尤其是吐鲁番地区，每年日最高气温>35 ℃的日数多年平均在70～98天。

症状表现：棉花蕾铃脱落严重，经常有中空、上空现象。

预防方法：选用耐热棉花品种，高温季节保证及时灌水，降低株间温度，使热害减轻。采取促早熟技术，规避在高温期开花。

92 棉花干热风

干热风是新疆东疆和南疆部分棉区灾害之一。空气干燥度大、太阳辐射强、气温高、风力适中情况下，极易发生干热风危害。干热风常发生在7月中下旬至8月初棉花对干热风敏感的生殖生长时期。

症状表现：干热风造成棉花花粉活力降低、出现干铃和大量蕾铃脱落，影响产量和品质。

防治方法：①选用抗干热风品种是根本措施。②采取促早熟技术，规避在高温期开花。③塑造合理生殖结构，提高高温后棉花开花成铃的补偿能力。

93 棉花涝害

棉花涝害是指棉花在湿害条件下（长期的土壤饱和持水量）发生的生长发育异常的现象。棉花是怕涝的作物。涝害对棉花生长影响较大，淹水时间越长影响越大。不同时期淹水对棉花生长产量的影响程度不同，蕾期淹水对棉花产量影响最大，花期次之，铃期最小。不同时期淹水，棉花保护系统相关基因表达量变化幅度不同，是导致不同时期涝害程度不同的内在原因之一。

发生原因：棉田连续遭受暴雨、冰雹等灾害性天气的危害，造成棉株倒伏、折断，或棉田积水，受渍、受涝。

防治方法：①及时排水。棉田积水后，棉花淹水时间过长，会严重影响根系活动，造成大量叶片和蕾铃脱落，应及时排水。②及时扶苗。对受涝后倒伏棉株，在排水后必须及时扶正、培直，以利进行光合作用，促进植株生长。③及时中耕。受涝棉田排水后土壤板结，通气不良，水、气、热状况严重失调，必须及早中耕，破除板结，以提高植株根际的生存环境。④及时施肥。棉田经过水淹，土壤养分大量流失，加上根系吸收能力衰弱，及时追肥对棉株恢复生长和增结秋桃十分有利。在棉株恢复生长前，以叶面喷肥为主；棉株恢复生长后，每亩追施碳酸氢铵8~10 kg或尿素5~8 kg。⑤及时防虫。受灾棉株恢复生长后，枝叶幼嫩，前期蚜虫多，后期易受棉铃虫等为害，因此，要加强防虫工作。

94 棉花风灾

风灾是新疆棉花常见灾害，新疆有80%植棉县市受沙漠化和风沙影响，发生频率较高。新疆棉花风灾主要集中在春季，一般4—5月春季大风较频繁、级别也较高，常达到6~10级以上、持续时间较长，并掺有沙尘，对地膜棉花影响极大。大风的危害主要是风力对棉花的机械破坏作用。一般5级以上大风就可造成棉花危害，8级左右大风就会形成棉花重灾。

症状表现：大风可造成揭膜、棉苗大片倒伏、根系松动外露、叶片及棉花茎秆青枯破碎折断等机械损伤，甚至死亡。出苗前风灾可造成揭膜，降低地温和土壤墒度，影响出苗率和出苗速度。苗期风灾可造成嫩叶脱水青枯，大叶撕裂破碎，生长点青干，叶片挂断，造成棉花光秆等。土地严重跑墒，重则吹死或埋没棉苗，造成严重缺苗断垄，甚至多次重播或改种。

防治措施：根据风害症状，把风害分为不同等级，根据不同级别进行救灾补灾。①做好预测预报和防护林建设，大力营造农村防护林网，退耕还林、还草，制裁滥砍滥伐，改善农业生态环境是防御大风灾害的根本措施。②采用抗倒伏品种，做好压膜，调节好播种深度，不宜太浅等；采用与风向垂直的行向沟播，能有效地防御大风的危害。③大风来之前，沙土地应采取棉区膜上加土镇压、耙耢中耕、摆放防风把（可用棉秆，芦苇秆）、支架防风带（化纤带）等以降低作物受害程度。④加强水肥管理，风灾棉区在受灾后及时进行中耕追肥。风灾后及时抢播、补种。风灾后棉花翻种、补种、改种方案确定：棉花再生能力、补偿能力强，根据损失程度确定翻种、补种、改种方案。一般损失50%以下棉田，受害级别在2级以下的棉株占棉田85%～90%，均有较好的保留价值，只需人工催芽补种。而死苗、生长点损失和全株叶片青枯达50%以上的棉田，3级受害棉株达棉田80%～90%时，这类棉田要抓住时机及时翻种。如受害级别、受害株率均高，受灾时间晚，可采用改种。

95 棉花冰雹

冰雹是新疆的主要灾害性天气之一，具有地域季节性强、来势凶猛、强度大、持续时间短等特点。虽然持续时间很短，但可以使作物瞬间毁灭。冰雹多发生在5—9月，新疆80%的冰雹集中在5—8月，6—8月发生频率较高，最多的是6—7月。此时正值棉花现蕾和开花期，一旦受雹灾，轻则产量下降，重则绝产绝收，给农业生产造成巨大的经济损失。雹灾常伴随大风和降雨。新疆发生雹灾较频繁的地区有阿克苏、新疆生产建设兵团第·师。北疆的奎屯河、玛纳斯河流域最为常见。

　　症状表现：雹灾强度不同，对棉花影响程度也不同。5月的冰雹可造成棉田缺苗或改种，7—8月的冰雹可造成棉田绝收，危害最大。雹灾后棉花生长发育表现为生长发育推迟、成铃推迟、成铃数减少、秋桃比例大、断头棉田上部果枝腋芽处3～5天可发育出叶枝，并代替主茎成为新的生长点。造成的影响表现在：果枝折断，花蕾铃叶片脱落，主茎、生长点严重受损，还易造成土壤板结、地膜受损等。

　　预防措施：雹灾发生常带有突发性、短时性、局地性等特征，难以控制，因此，对冰雹灾害的防治措施有：①加强对冰雹活动的监测和预报，尽可能提高预报时效，抢时间，采取紧急措施，最大限度地减轻灾害损失。②建立快速反应的冰雹预警系统。③建立人工防雹系统。国内外广泛采用人工消雹，对预防雹灾具有较好效果。④尽快根据受灾棉花所处发育阶段和受灾程度确定补救方案和措施，积极补救。主要方案：对于以1、2、3级危害为主的棉田，应及时抢救，加强管理，争取少减产，一般不毁种。对3、4级危害为主的棉田，应根据受灾棉花所处发育阶段决定，有效期内的，积极采取措施，促其快速恢复，不毁种；有效期不足的，可改种其他作物。对以5级危害为主的棉田，应尽快改种其他适宜作物。

96 棉花干旱

症状表现：棉花受旱是指棉花在土壤含水量偏低（或水分胁迫）条件下的表现，多表现为顶芽的分化和生长速度减慢，从而使茎、叶、蕾、花、铃营养和生殖器官的生长量减少，新叶抽出慢，叶色暗，节间紧密，植株矮小，主茎顶部绿色嫩头缩短并发硬，红茎上升，果枝伸出速度减慢，蕾铃脱落。受旱严重时，叶片萎蔫下垂，叶片明显增厚，棉花生长点出现"蕾包叶"现象，棉花早衰，蕾铃脱落显著，干蕾增多，铃发育受阻，铃重下降。

发生原因：①棉田土壤持水量低，不能满足棉花正常生长发育要求。其中，播种至出苗期土壤田间持水量＜60%时，种子易落干，发芽出苗率低。苗期土壤持水量＜55%时，棉苗生长缓慢。蕾期土壤持水量＜60%时，将导致整个生殖与营养失调，影响棉花搭"丰产架子"。花铃期土壤持水量＜70%，将导致棉花蕾花铃大量脱落早衰。②棉花水分运筹管理不合理，没有按照棉花需水规律和棉花生长发育情况进行灌溉。特别是几个关键时期受旱影响最大：一是7月至8月初的"肥水温"三碰头期，是新疆高温季节、也是棉花对肥水需要最多的时期。此期高温热害和受旱，对棉花产量影响极大，二是棉花盛蕾期，又称变脸期，该时期为棉花对肥水比较敏感的变脸期，土壤持水量＜60%，将导致上述生长异常。

防治措施：根据实时气候、土壤状况、棉花长势长相综合分析判断，采取行之有效的措施。①根据气温高低和降雨情况合理灌溉。棉花花铃期是棉需水高峰期，需水量占整个生育期需水量近一半，该时期又是气候高温期，所以针对该时期高温干旱的气候特点要做到肥水温三碰头，保障及时足量灌溉。②根据棉田

土壤性质和土壤持水量高低，合理灌溉。对土壤含水量低，有旱
象的棉田，要及时灌溉，保障棉花各生育期土壤含水量在适宜范
围之内，棉花生长发育期间，棉田土壤含水量总体保持在田间最
大持水量的60%左右，可规避棉化受旱。特别在棉花肥水温三碰
头期（花铃期）和变脸期（盛蕾期）要保障土壤持水量在合理水
平内。

97　棉花"假旱"

症状表现：假旱，顾名思义，是一种类似干旱的症状，是棉
花次生盐渍化胁迫的一种表现。在新疆一些棉田，棉花在土壤含
水量正常，维管束输导组织也正常，没有出现褐化的情况下，滴
灌或者降雨后，棉田常常出现点片棉花青枯、萎蔫、甚至死亡的
现象。

发生原因：灌溉方式转变、施肥方式转变、生态环境的变
化是导致棉花出现假旱的主要原因，也是这些变化综合作用的结
果。农田土壤中的水分、盐分变化主要受地下水运动、灌水渗
透、灌溉制度、作物蒸腾、土壤蒸发、地膜覆盖、农田耕作等综
合因素影响，水盐变化呈现多种变化的叠加效应。灌溉是棉田土
壤盐分迁移变化的主要原因。长期滴灌棉田土壤盐分含量分布随
膜下滴灌应用年限增加，变化较大。膜内盐分含量，垂直方向的
土壤盐分含量从上到下逐渐降低，表层土壤盐分变化较大，深层
土壤盐分变化越小，膜间0～20 cm表层盐分含量高。棉花由沟灌
转变为滴灌后，长期滴灌导致土壤中盐碱不能得到压洗效果，盐
碱积聚在0～30 cm耕作层，气候的变化，一方面蒸发强烈土壤盐
分积聚在表土层，另一方面雨水增多导致表层盐分随雨水淋溶到

耕作层的根际，水肥一体化的施肥方式转变导致肥料直接施在根基周边，这种肥料施用和土壤盐碱及淋溶多方面共同作用，导致根际土壤溶液浓度过高，引发生理障碍，使得盐害次生盐渍化问题越来越突出，假旱萎蔫的现象越来越频繁。

防治措施：做好土壤压盐、洗盐工作。有基础灌溉条件的，做好冬灌和春灌。滴灌棉田，根据土壤盐分含量，调整冲洗灌溉定额。盐分含量在6～12 g/kg时，应强化冲洗定额压盐、稀盐，冲洗定额在150～385 mm。当盐分值达到3.506 g/kg时，按正常定额冲洗。当出现假旱时，采用清水滴灌，不要随水滴肥。

98 棉花次生盐渍化

症状表现：在新疆棉区，以往能够正常出苗、出苗后能够正常生长的棉田，雨水后，出现烂种、死苗、僵苗、棉株萎蔫的症状，这种现象一般是次生盐渍化症状。

发生原因：刚露出土时，常因春雨造成地面板结，土壤结壳、泛盐，影响出苗和幼苗生长。

防治措施：经验证明，雨后用钉齿耙或镇压器镇压，破除结壳，对保证全苗具有较好作用。破除结壳较未破除结壳的棉田一周后出苗率高40%以上。但所采用的之字耙，要轻，或用木板钉齿耙，因为过重耙，会因耙齿入土超过播种层而伤苗过多，或将正在发芽的种子移动，影响种子的发芽和出苗。

99 盐碱地棉花生长异常

症状表现：盐害是指棉花在土壤含盐量达到一定程度时表现生长发育出现异常的现象。碱害是由于土壤中代换性钠离子的存在，使土壤理化性质恶化，影响根系的呼吸和养分吸收。盐碱地棉花生长异常症状有：播种至出苗期表现发芽率低，发芽势弱，出苗率低，苗期表现生长缓慢，僵小苗多，大小苗严重，缺苗断垄，根茎叶伸长受到抑制，叶面积变小，雨后或滴灌后出现不同程度的萎蔫青枯，盐碱轻的棉花叶片早晚恢复正常，盐碱重的棉花叶片难以恢复，直至青枯死亡。其次是棉苗迟发，晚熟，长势弱小，纤维绒变短、马克隆值偏高。

发生原因：①盐碱含量高是导致棉花各种生长发育障碍发生，并引发生长异常的主要原因。较高的土壤含盐量和酸碱度（pH值）对棉花生长发育影响较大，引发盐碱危害。当盐碱浓度偏高时，干扰胞内离子稳定，导致膜功能异常，代谢活动紊乱，出现各种生长异常现象。高盐导致的高离子浓度和高渗透压可致死棉花。可溶性盐碱浓度过高，抑制棉花吸水，产生反渗透现象，出现生理脱水，出现萎蔫青枯现象。一些盐类抑制有益微生物对养分的有效转化而使棉花弱小。土壤含碱使得土壤中代换性钠离子存在，使土壤理化性质恶化，影响根系的呼吸和养分吸收。②盐害容易导致土壤中微量元素Ca、Mn、Zn、Fe、B等微量元素的固定而引发缺素症。盐分中氯离子对棉花危害较大。盐害盐胁迫首先表现水分胁迫，导致作物吸水困难，然后植株中吸收钠离子（Na^+）增多，吸收钾离子（K^+）、钙离子（Ca^{2+}）减少，从而使Na^+/K^+升高，造成以钠离子毒害为主要特征的离子失衡，光合作用变慢，渗透势下降等生理问题，形态异常表现为根、茎、叶伸长受抑制，叶面积变小等现象。③棉花播种至出苗、苗期、铃期至吐絮期耐盐力差，尤其以播种至出苗和苗期的棉花耐盐碱能力最弱，出苗的临界土壤含盐量最高为0.3%，含盐量超过0.3%即不利出苗抑制棉苗生长，当含盐量在0.4%以上将不能出苗。这是因为盐分是影响种子发芽的重要因素。盐胁迫棉花种子萌发出苗的原因既有限制吸水（渗透胁迫），也有盐离子毒害、棉种发芽出苗的速度与土壤盐分有密切关系，高浓度盐分影响种子发芽。在同等盐分浓度下，硫酸盐对种子膨胀和发芽影响不大，而氯化物对种子膨胀和发芽有严重的抑制作用。中度和重度盐碱地土壤表层积累了大量的盐分，这些盐分通过渗透胁迫和离子毒害等途径，抑制棉花种子的发芽、出苗、幼苗和成苗的生长发育。

防治措施：①做好盐碱地治理改良。通过各种综合农艺措施和盐碱改良措施保证播种出苗阶段，棉花根系分布层的盐分含量在0.3%以下，做到棉种能正常发芽出苗，保证棉花生长期根系活动层盐分含量低于0.4%，使棉花能够正常生长。如新疆春雨少，春季蒸发量大，为保证棉花播种出苗和苗期需水要求，需要在冬季或者早春进行储水灌溉。在新疆储水灌溉不仅可满足播种出苗和苗期需水要求，对土壤盐分也具有较好的淋洗作用，灌溉后结合耕作，可减少土表蒸发、降低耕作层积盐。灌水定额一般为80～100 m³/亩。改进耕作制，采取轮作倒茬种植绿肥培肥土壤深翻压草等措施改良土壤盐碱；播前耕耙整地深翻，灌水压盐、洗盐，降低播种层土壤盐分；增施农家肥改善土壤结构，增强土壤通透性，促进淋盐，抑制返盐。②采取以促为主的盐碱地植棉技术。选用抗盐碱品种，包括选用种子活力强、出苗好、幼苗生长健壮的耐盐品种；地膜覆盖栽培抑盐效果尤为明显，有利全苗、壮苗和早发早熟；加强苗期中耕、保持地面疏松、防止土壤返盐；增施磷肥，调整氮磷比例，盐碱地一般有效磷含量低，补施磷肥可提高抗盐能力；大田条件下运用农艺措施诱导盐分差异分布，促进棉花成苗和生长发育的沟畦播种覆盖技术，开沟、起垆、沟畦种植模式可以诱导盐分在根区地差异分布，实现沟播躲盐，同时在沟畦上覆盖地膜，依靠地膜的增温保墒作用，促进棉花成苗和生长发育的效果会更好；营养钵育苗移栽、半免耕种植等。③盐碱地上禁用含氯化肥，会加重盐碱程度。④针对棉花播种至出苗、苗期、铃期至吐絮期耐盐碱差的问题，重点做好水肥运筹。通过增加膜下滴灌定额，大幅降低根际盐浓度。

⬡ 100 棉田残膜污染

症状表现：棉花成苗率降低、棉花根系少，根变短，根畸形（弯曲、鸡爪状等），烂根，根系吸水、吸肥性能降低。有调查表明残膜污染棉花的棉苗侧根比正常平均减少6.6条且棉花烂种烂芽率高，数据显示，种子播在残膜上，烂种率平均达8.2%，烂芽率平均5.6%，棉花平均减产12%。残膜污染棉田的棉纤维异性纤维含量高，增加纺织成本，影响纺织质量。

发生原因：①残膜随机械采收混入籽棉，经轧花清杂等加工，造成打碎的残膜呈颗粒污染在皮棉上，增加纺织成本，影响纺织质量。②农田残膜破坏了土壤结构和土壤微生物环境，破坏土壤原有的团粒结构和功能性，导致土壤质量、土壤通气性和养分的有效性下降，形成土壤板结，从而影响棉花正常生长，影响棉花成苗率和根系正常生长。③残留地膜隔绝了根系与土壤的接触，阻止了根系发育下扎及对土壤水分和养分的吸收，影响肥效，造成烂种、烂芽、烂根和根畸形。

防治措施：①做好残膜回收利用，要求残膜回收率达到90%以上，同时收净滴灌带，降低土壤残膜残留量。②提高农膜质量标准，使用加厚地膜（厚度>0.015 mm），提高残膜回收效果。③制定鼓励回收、加工、利用残膜的优惠政策法规。④做到及时揭膜、清膜和回收残膜。最好在头水灌溉前揭膜，该时期不仅易揭，地膜的作用也基本上完成。一些保水性弱的沙性地，在停水后收花前务必揭膜。据新疆其他地区调查表明，头水前揭膜连续种植5～6年的棉田残膜量平均4 kg/亩，年平均残膜量0.67～0.8 kg/亩；收获后揭膜的棉田，年平均残留量2.28～2.55 kg/亩。整地前后捡拾残膜，可大大降低播种层的残膜污染，对争取全苗、防止烂种、促进根系发育均具有重要作用。⑤研发无膜植棉从根本上解决残膜影响，或积极研发具有易降解低残留特点的降解膜、光解膜、全生物降解膜替代难以降解的聚乙烯地膜。⑥增强消除白色污染意识，加强宣传教育，提高地膜污染治理自觉性，不要将残膜堆放在田间地头。⑦对利用残膜为原料进行加工生产的工厂和残膜回收机构，国家要制定相关的政策、法规，予以扶持。

参考文献

阿力甫·那思尔，2015. 食蚜捕食性昆虫的集团内捕食及其对棉蚜种群数量的控制作用[D]. 南京：南京农业大学.

崔金杰，简桂良，马艳，2007. 棉花病虫草害防治技术[M]. 北京：中国农业出版社.

董合林，赵新华，李鹏程，等，2016. 南疆植棉区棉花优质高产关键技术[J]. 中国棉花，43（11）：39-40.

董合忠，唐薇，李振怀，等，2005. 棉花缺钾引起的形态和生理异常（英文）[J]. 西北植物学报（3）：615-624.

冯宏祖，马小艳，王兰，2016. 新疆棉花不同生育期病虫草害防治技术[M]. 乌鲁木齐：新疆生产建设兵团出版社.

冯宏祖，王兰，马小艳，2016. 棉花病虫害防治彩色图谱（维汉双语）[M]. 乌鲁木齐：新疆大学出版社.

傅一峰，刘冰，罗延亮，等，2019. 北疆棉田非作物生境食蚜蝇种群消长动态[J]. 中国生物防治学报，35（1）：1-8.

哈丽哈什·依巴提，李青军，等，2020. 有机无机配施对棉花氮磷钾养分吸收和产量的影响[J]. 新疆农业科学，57（6）：1049-1056.

江海澜，邓小霞，阿瓦古丽·托合提，等，2017. 新疆库尔勒2014—2016年棉花主要害虫发生概况及原因分析[J]. 中国棉花，

44（9）：40，45.

姜玉英，刘杰，曾娟，等，2017. 新疆棉区盲蝽等棉田昆虫灯诱效果研究[J]. 中国植保导刊，37（4）：50-55，49.

蒋从军，徐利民，沙红，等，2016. 棉花边行内移不同行距组合对其产量性状的影响[J]. 棉花科学，38（2）：14-19.

孔庆平，孔杰，徐海江，等，2015. 新疆棉花集约高效生产技术研发策略[J]. 新疆农业科学，52（7）：1352-1358.

李金花，2018. 果棉间作对蚜虫——寄生蜂食物网结构的调控作用[D]. 石河子：石河子大学.

李鹏程，郑苍松，孙淼，等，2017. 棉花施肥技术与营养机理研究进展[J]. 棉花学报，29（S1）：118-130.

李雪玲，2019. 碱蓬对棉田多异瓢虫的保育作用[D]. 石河子：石河子大学.

李雪源，王俊铎，2019. 图说棉花生长异常及诊治/专家田间会诊丛书[M]. 北京：中国农业出版社.

吕凯，魏凤娟，2013. 棉花的防灾减灾[J]. 农业灾害研究，3（Z2）：45-47，50.

牛康康，李静，海那儿·毛地热合曼，2021. 新疆棉花生产上主要农业气象灾害及防灾减灾措施探讨[J]. 中国农技推广，37（12）：9-11.

帕孜来木·伊斯热甫力，林涛，2017. 果棉间作棉花"小双膜"边行内移精量保苗技术[J]. 农村科技（9）：10-11.

潘洪生，姜玉英，王佩玲，等，2018. 新疆棉花害虫发生演替与综合防治研究进展[J]. 植物保护，44（5）：42-50.

潘云飞，2020. 南疆农田景观组成与农药使用对棉田天敌发生及其控蚜功能的影响[D]. 北京：中国农业科学院.

祁虹，赵贵元，王燕，等，2021. 我国棉田残膜污染危害与治理措施研究进展[J]. 棉花学报，33（2）：169-179.

田笑明，2016. 新疆棉作理论与现代植棉技术[M]. 北京：科学出版社.

田长彦，冯固，2008. 新疆棉花养分资源综合管理[M]. 北京：科学出版社.

王伟，张仁福，刘海洋，等，2016. 新疆喀什地区牧草盲蝽为害棉花防治指标研究[J]. 应用昆虫学报，53（5）：1146-1152.

吴志勇，孙玉岩，刘文全，2012. 秸秆腐熟剂在棉花秸秆上试验效果[J]. 新疆农垦科技，35（5）：38-39.

杨静，2016. 北疆棉区非棉田生境对捕食性天敌的保育功能[D]. 石河子：石河子大学.

杨龙，2020. 景观尺度下作物种植结构调整对棉铃虫种群发生的影响[D]. 北京：中国农业科学院.

姚永生，2017. 新疆南部棉区棉蚜与棉长管蚜种间关系的格局变化及影响因素分析[D]. 北京：中国农业大学.

张西岭，宋美珍，王香茹，等，2020. 新疆"宽早优"机采棉优质高效综合栽培技术[J]. 中国棉花，47（9）：34-37，40.

张西岭，宋美珍，王香茹，等，2021. 新疆"宽早优"植棉模式概述[J]. 中国棉花，48（1）：1-4，8.

张颖，2021. 新疆棉田生物肥料技术补偿的农户响应机制研究[D]. 石河子：石河子大学.

中国农业科学院棉花研究所，2019. 中国棉花栽培学[M]. 上海：上海科学技术出版社.

周欣，喻晨，蒋志超，等，2021. 新疆棉田残膜机械化回收技术现状及问题分析[J]. 种子科技，39（12）：118-119.